Nabil Khelifati

Dopage au bore du silicium amorphe hydrogène déposé par pulvérisation

Nabil Khelifati

Dopage au bore du silicium amorphe hydrogène déposé par pulvérisation

Dépôt des couches minces de silicium amorphe hydrogéné dopé au bore par la technique pulvérisation DC magnétron

Presses Académiques Francophones

Impressum / Mentions légales
Bibliografische Information der Deutschen Nationalbibliothek: Die Deutsche Nationalbibliothek verzeichnet diese Publikation in der Deutschen Nationalbibliografie; detaillierte bibliografische Daten sind im Internet über http://dnb.d-nb.de abrufbar.
Alle in diesem Buch genannten Marken und Produktnamen unterliegen warenzeichen-, marken- oder patentrechtlichem Schutz bzw. sind Warenzeichen oder eingetragene Warenzeichen der jeweiligen Inhaber. Die Wiedergabe von Marken, Produktnamen, Gebrauchsnamen, Handelsnamen, Warenbezeichnungen u.s.w. in diesem Werk berechtigt auch ohne besondere Kennzeichnung nicht zu der Annahme, dass solche Namen im Sinne der Warenzeichen- und Markenschutzgesetzgebung als frei zu betrachten wären und daher von jedermann benutzt werden dürften.

Information bibliographique publiée par la Deutsche Nationalbibliothek: La Deutsche Nationalbibliothek inscrit cette publication à la Deutsche Nationalbibliografie; des données bibliographiques détaillées sont disponibles sur internet à l'adresse http://dnb.d-nb.de.
Toutes marques et noms de produits mentionnés dans ce livre demeurent sous la protection des marques, des marques déposées et des brevets, et sont des marques ou des marques déposées de leurs détenteurs respectifs. L'utilisation des marques, noms de produits, noms communs, noms commerciaux, descriptions de produits, etc. même sans qu'ils soient mentionnés de façon particulière dans ce livre ne signifie en aucune façon que ces noms peuvent être utilisés sans restriction à l'égard de la législation pour la protection des marques et des marques déposées et pourraient donc être utilisés par quiconque.

Coverbild / Photo de couverture: www.ingimage.com

Verlag / Editeur:
Presses Académiques Francophones
ist ein Imprint der / est une marque déposée de
AV Akademikerverlag GmbH & Co. KG
Heinrich-Böcking-Str. 6-8, 66121 Saarbrücken, Deutschland / Allemagne
Email: info@presses-academiques.com

Herstellung: siehe letzte Seite /
Impression: voir la dernière page
ISBN: 978-3-8381-7991-9

Copyright / Droit d'auteur © 2013 AV Akademikerverlag GmbH & Co. KG
Alle Rechte vorbehalten. / Tous droits réservés. Saarbrücken 2013

N° d'ordre : 13 / 2008 - M / PH

REPUBLIQUE ALGERIENNE DEMOCRATIQUE ET POPULAIRE
MINISTERE DE L'ENSEIGNEMENT SUPERIAUR ET DE LA RECHERCHE SCIENTIFIQUE
UNIVERSITE DES SCIENCES ET DE LA TECHNOLOGIE HOUARI BOUMEDIENE
(U.S.T.H.B.) ALGER
FACULTE DE PHYSIQUE

MEMOIRE

Présenté pour l'obtention du diplôme de

MAGISTER

En : PHYSIQUE

Spécialité : Matériaux et Composants

Par : **KHELIFATI Nabil**

Sujet :

DOPAGE AU BORE DU SILICIUM AMORPHE HYDROGENE DEPOSE PAR PULVERISATION DC MAGNETRON

Soutenu publiquement le 17 février 2008, devant le jury composé de :

M. BOUBNIDER Fouad	Professeur (USTHB)	Président
Mme. RAHAL Abla	Maître de conférence (USTHB)	Directeur de thèse
M. Mohammed KECHOUANE	Professeur (USTHB)	Examinateur
Mme. OUTEMZABET Ratiba	Maître de conférence (USTHB)	Examinateur

Remerciement

Ce travail a été réalisé au sein du laboratoire de Physique des Matériaux «Equipe Couches Minces et Semiconducteurs» de la Faculté de Physique U.S.T.H.B sous la direction de Monsieur MOUSSA AOUCHER, Professeur à l' U.S.T.H.B, qui nous a quitté l'année passée. Que Dieu l'accueille en Son Vaste Paradis. Je le remercie profondément pour m'avoir accepté dans son groupe de recherche, d'avoir dirigé ce travail et de m'avoir initié à la recherche.

Mes chaleureux remerciements vont à Monsieur F. BOUBNIDER, Professeur à l' U.S.T.H.B, d'avoir accepté la présidence du jury de cette thèse.

Je remercie Monsieur M. KECHOUANE, Professeur à l' U.S.T.H.B, et Madame R. OUTEMZABET, Maître de Conférence à l' U.S.T.H.B, pour l'honneur qu'ils m'ont fait d'avoir accepté de juger ce travail.

Je voudrais, en particulier, témoigner ma profonde reconnaissance à Madame A. RAHAL, Maître de Conférence à l' U.S.T.H.B, pour m'avoir consacré son temps pour les corrections de la thèse et pour avoir représenté le directeur de thèse dans le jury.

Ma reconnaissance va à Monsieur A. KEFFOUS et à toute l'équipe de l'UDTS de Centre de Recherche Nucléaire d'Alger (CRNA) pour l'analyse SIMS.

Une mention particulière doit être attribuée à tous les collègues du laboratoire, pour leur soutien, leur disponibilité et leur sympathie. Je tiens à remercier tout particulièrement K. MOKEDDEM, R. CHERFI, A. FEDALA, A. BENABDELMOUMEN, Y. SEBA et A. BRIGHET.

Je remercie aussi mes amis pour leurs encouragements et leurs soutiens.

Mes chaleureux remerciements vont à mes parents, mes frères et mes soeurs pour leurs aides et leurs encouragements pendant toutes mes années d'études.

Je tiens enfin à remercier tous ceux qui m'ont aidé de près ou de loin pour réaliser ce travail.

SOMMAIRE

Sommaire

INTRODUCTION..	1
Chapitre A. LE MATERIAU..	4
I. LE SILICIUM AMORPHE HYDROGENE (a-Si:H).............................	5
I. 1. Le silicium amorphe	5
I. 2. Rôle de l'hydrogène	6
I. 3. Densité d'états du a-Si:H	6
a) Les états localisés profonds	7
b) Les états localisés peu profonds	8
I. 4. Propriétés du a-Si:H..	8
I. 4. 1. Propriétés physico-chimiques	8
a) Les bandes d'absorption infrarouge....................................	8
b) La teneur en hydrogène lié (C_H) dans le matériau	10
c) Le facteur de microstructure (R) du matériau....................	10
I. 4. 2. Propriétés optiques	10
a) Absorption à haute énergie de photons.............................	11
b) Absorption à moyenne énergie de photons	11
c) Absorption à basse énergie de photons	11
I. 4. 3. Propriétés électriques	13
II. DOPAGE AU BORE DU SILICIUM AMORPHE HYDROGENE	14
II. 1. Notion de dopage au bore – cas du silicium cristallin (c-Si)	14
II. 2. Dopage au bore : cas du silicium amorphe hydrogéné (a-Si:H) ...	15
II. 2. 1. Modèle de dopage	15
II. 2. 2. Efficacité de dopage	18
II. 2. 3. Interaction du bore avec l'hydrogène et effet du recuit ...	19
II. 3. Effets du dopage sur les propriétés de a-Si:H	20
II. 3. 1. Propriétés électroniques	20
II. 3. 2. Propriétés physico-chimiques	20
II. 3. 3. Propriétés optiques	22
a) Absorption aux hautes énergies de photons	22
b) Absorption aux moyennes et faibles énergies de photons ..	23
II. 3. 4. Propriétés électriques	23
a) Effet du bore sur le mode de conduction dominant	23
b) Effet du bore sur la conductivité électrique et l'énergie d'activation..	24
Chapitre B. METHODES DE DEPOT	26
I. INTRODUCTION...	27
II. PULVERISATION DC ASSISTEE D'UN MAGNETRON	29
II. 1. Le plasma - Aspect général...	29
II.2. Processus et mécanisme de pulvérisation	30
Chapitre C. TECHNIQUES EXPERIMENTALES UTILISEES..........	32
I. DEPOT DU MATERIAU	33
I. 1. Groupe de dépôt	33
I. 2. Nature et préparation des substrats	37
I. 3. Méthode de dopage	37
I. 4. Procédure de dépôt	38

II. TECHNIQUES DE CARACTERISATION	38
II. 1. Conductivité électrique en fonction de la température	38
II. 1. 1. Dispositif expérimental	38
II. 1. 2. Principe et procédure des mesures électriques	40
II. 2. Transmission optique	42
II. 3. Spectroscopie infrarouge à transformée de Fourier (IRTF)	43
II. 3. 1. Dispositif expérimental	44
II. 3. 2. Principe de la méthode	45
II. 3. 3. Procédure de traitement du spectre infrarouge	45
II. 4. Spectrométrie de masse d'ions secondaires (SIMS)	47
Chapitre D. RESULTATS EXPERIMENTAUX ET DISCUSSION	48
I. CONDITIONS PRELIMINAIRES DE DEPOT	49
II. INCORPORATION DU BORE DANS LES COUCHES	50
III. EFFET DE L'INCORPORATION DU BORE SUR LES PROPRIETES DU SILICIUM AMORPHE HYDROGENE	52
III. 1. Propriétés physico-chimiques	52
III. 1. 1. Différentes bandes d'absorption infrarouge observées	52
III. 1. 2. Evolution de spectre d'absorption avec le taux de bore incorporé	54
III. 2. Propriétés optiques	56
III. 3. Propriétés électriques	59
III. 3. 1. Conductivité électrique en fonction de la température	59
III. 3. 2. Effet de la température de recuit sur la conductivité électrique	62
III. 4. Conclusion	63
IV. INFLUENCE DE LA PRESSION PARTIELLE DE L'HYDROGENE	64
IV. 1. Propriétés physico-chimiques	65
IV. 2. Propriétés optiques	67
IV. 3. Propriétés électriques	68
IV. 3. 1. Conductivité électrique en fonction de la température	68
IV. 3. 2. Effet de la température de recuit sur la conductivité électrique	70
IV. 4. Conclusion	71
V. CAS DU MATERIAU PEU HYDROGENE: EFFET DE L'INCORPORATION DU BORE	72
V. 1. Spectres d'absorption infrarouge	73
V. 2. Propriétés optiques et électriques	74
V. 2. 1. Absorption optique et indice de réfraction	74
V. 2. 2. Conductivité électrique	75
V. 3. Conclusion	79
Chapitre E. RECAPITULATIF	80
CONCLUSION GENERALE	85
ANNEXE	88
REFERENCES BIBLIOGRAPHIQUES	91

INTRODUCTION

INTRODUCTION

Dès la découverte du silicium amorphe hydrogéné (a-Si:H) vers la fin des années soixante, de nombreux efforts de recherche ont été entrepris sur ce matériau afin d'arriver à mieux comprendre ses propriétés et élargir ses domaines d'application. Le grand avantage que le a-Si:H procure est la possibilité de le déposer en couches minces sur de grandes surfaces avec un faible coût de fabrication.

A côté de ces avantages, la possibilité qu'il soit dopé et de changer le type de porteurs ainsi que l'ordre de grandeur de sa conductivité, a permis d'envisager de nombreuses applications concernant la réalisation de diverses structures électroniques. Il y a donc eu de rapides progrès dans l'étude du silicium amorphe depuis 1975, date à laquelle les premières expériences de dopage ont été mentionnées. Le dopage au bore du a-Si:H en faibles concentrations est utilisé pour le rendre intrinsèque et obtenir une conductivité minimum. Ce matériau est l'élément actif de nombreux dispositifs électroniques comme les cellules solaires, les photorécepteurs et les transistors en couches minces (TFT). Les dopages élevés sont nécessaires pour réaliser les structures pn ou pin ou pour obtenir des contacts ohmiques sur le matériau intrinsèque par l'introduction d'une forte concentration d'atomes dopants.

Diverses méthodes d'élaboration ont été utilisées pour préparer ce type du matériau. Les méthodes CVD (Chemical Vapor Deposition) sont les méthodes les plus utilisées. Dans ce travail nous avons élaboré notre matériau à partir de la **pulvérisation DC assistée d'un magnétron** d'une cible de silicium dans un mélange d'argon et d'hydrogène. L'introduction du bore dans le matériau a été faite par la pulvérisation simultanée de bore et de silicium (dopage par co-pulvérisation). Les avantages majeurs de cette méthode sont le découplage des sources du matériau (Si, B et H) et le dopage en phase solide sans utilisation des gaz dangereux (toxiques et explosifs) comme le diborane (B_2H_6) et la phosphine (PH_3), qui sont largement utilisés dans les méthodes CVD.

Dans ce travail, nous nous somme intéressés aux effets combinés de l'incorporation de bore et de la pression partielle d'hydrogène sur les propriétés physico-chimiques, optiques et électriques du matériau.

La présentation de ce travail s'effectue comme suit :

Dans le premier chapitre, nous rappelons les propriétés du silicium amorphe hydrogéné en général et le changement de ces propriétés avec le dopage au bore en particulier.

Dans le second chapitre, nous présentons de manière succincte les principes des méthodes de dépôt les plus utilisées dans la préparation du matériau. La méthode que nous utilisons étant la pulvérisation DC magnétron, nous lui consacrons une présentation plus détaillée.

Dans le chapitre C, nous présentons le groupe de dépôt utilisé pour l'élaboration du matériau. Nous détaillons ses composantes et nous décrivons la procédure suivie pour préparer les substrats et réaliser le dépôt du matériau. Nous passons ensuite à la présentation de différentes techniques de caractérisations que nous avons utilisé pour suivre l'évolution des propriétés du matériau.

Dans le chapitre D, nous présentons les résultats expérimentaux de notre travail. Dans un premier temps, nous présentons les conditions initiales de dépôt puis les résultats obtenus par la technique SIMS (Secondary Ion Mass Spectrometry) qui quantifient l'incorporation du bore dans le matériau. Nous présentons ensuite les effets de cette incorporation sur les propriétés physico-chimiques, optiques et électriques du matériau.

La partie suivante est consacrée à l'étude de l'influence de la pression partielle d'hydrogène sur le matériau dopé au bore.

Les résultats obtenus nous permettront d'obtenir les conditions d'étude en vue de préparer une nouvelle série d'échantillons, où seule la concentration de bore incorporé varie. La fin de ce chapitre concerne donc l'étude de cette dernière série d'échantillons.

Une récapitulation de l'ensemble de ces résultats suivie de leur discussion est présentée dans le chapitre E.

Nous terminons par une conclusion générale qui évalue nos résultats et permet d'envisager les nouvelles perspectives à ce travail.

Chapitre A

LE MATERIAU

LE MATERIAU

Ce chapitre est consacré à la présentation du matériau. Il est divisé en deux parties. La première partie porte sur les différentes propriétés du silicium amorphe hydrogéné (a-Si:H) : propriétés électroniques, physico-chimiques, optiques et électriques.

La deuxième partie est consacrée au dopage au bore de a-Si:H, dans laquelle nous commençons par un bref rappel sur la notion de dopage au bore du silicium cristallin (c-Si). Nous présentons ensuite un modèle proposé par R. A. Street (Modèle de l'octet modifié) qui porte sur le mécanisme de dopage au bore du a-Si:H. Nous terminons cette partie par l'effet du dopage au bore sur les propriétés électroniques, physico-chimiques, optiques et électriques du matériau.

I. LE SILICIUM AMORPHE HYDROGENE (a-Si:H) :

I. 1. Le silicium amorphe :

Le silicium amorphe est un exemple de semiconducteur désordonné qui fait l'objet d'un intérêt croissant et ce depuis les années soixante-dix. Cet intérêt est dû principalement à son faible coût de fabrication et à la possibilité qu'il offre de pouvoir être déposé en couches minces et sur de grandes surfaces.

La structure amorphe de ce matériau signifie la perte de l'ordre à grande distance. Les premières études expérimentales de sa structure montrent cependant que l'ordre à courte distance est maintenu [1].

Une comparaison entre la structure cristalline et la structure amorphe du silicium montre des distorsions des longueurs et des angles de liaisons. Ces distorsions lorsqu'elles deviennent suffisamment importantes, peuvent empêcher certaines liaisons Si-Si de se former, ce qui donne naissance à un autre type de défauts : les liaisons non satisfaites ou liaisons pendantes. Elles forment particulièrement des centres de recombinaison ou de piégeage pour les porteurs libres.

La densité de ces liaisons peut atteindre 10^{20} *liaisons pendantes / cm³*, réparties aléatoirement dans le volume [2, 3]. La grande densité de ces défauts affecte considérablement la qualité du matériau. Ceci le rend peu performant comme matériau semiconducteur.

I. 2. Rôle de l'hydrogène :

Vers la fin des années soixante, *Chittick et al* [4] ont pu préparer le silicium amorphe hydrogéné (a-Si:H) par décomposition plasma de silane SiH_4. L'étude de ce matériau a montré qu'il contient une densité de défauts plus faible par rapport à celle de a-Si.

Après quelques années (1979), *Mostakas* [5] réussit à préparer le silicium amorphe hydrogéné par la pulvérisation plasma avec une densité de liaisons pendantes avoisinant 10^{15} *liaisons pendantes / cm³*. Cette réduction de la densité de défauts a été expliqué par la passivation de liaisons pendantes par l'hydrogène, en formant des liaisons covalentes SiH, SiH_2, SiH_3 ou $(SiH_2)_n$ [6].

Le rôle de l'hydrogène présent dans le matériau ne se limite pas uniquement à la saturation des liaisons pendantes mais aussi de stabiliser le matériau en diminuant les contraintes et en figeant la structure. En outre, la petite taille de l'atome d'hydrogène lui permet de relaxer la matrice de silicium sans laisser de déformations importantes, le désordre du matériau amorphe s'en trouve diminué.

Cette réduction des défauts permet d'améliorer considérablement ses propriétés électriques et optiques. Ce qui a permis au a-Si:H de trouver sa place dans de nombreuses applications en électronique.

I. 3. Densité d'états du a-Si:H :

Dans le cas des semiconducteurs cristallins, l'application de *la théorie de Bloch*, basée sur la notion de la périodicité du réseau cristallin, donne naissance à la structure de bandes.

Les propriétés électroniques du silicium monocristallin sont alors essentiellement liées à la présence de la bande de conduction (BC), de la bande valence (BV) séparées par la bande interdite dépourvue d'états énergétiques dans un matériau pur (figure A-1 (a)).

Dans le cas des semiconducteurs amorphes, l'ordre à grande distance n'existe plus : *la théorie de Bloch* ne s'applique plus. Cependant, le maintien de l'ordre à courte distance est suffisant pour continuer à décrire la structure de bande par des bandes de valence et de conduction et une bande interdite, comme dans le cas du cristallin, mais le caractère amorphe de ce matériau entraîne la présence d'un continuum d'états énergétiques localisés dans la bande interdite.

La délimitation de la bande interdite est alors liée au fait que la mobilité dans les états étendus est très supérieure à celle dans les états localisés, ce qui définit plutôt un gap de mobilité $E_C - E_V$, où E_C et E_V sont les énergies critiques qui délimitent les états localisés des états étendus pour les électrons et les trous respectivement [7].

Mott et Davis [8] ont alors proposé un modèle de structure de bande pour le silicium amorphe hydrogéné où figurent les bandes d'états étendus de valence et de conduction et le gap de mobilité dans lequel on peut trouver deux types d'états localisés : les états localisés profonds et les états localisés peu profonds (figure A-1 (b)).

Des études expérimentales de densité d'états faites par *Jackson et Amer* [9] ont conduit à une description analogue à celle proposée par *Mott et Davis*.

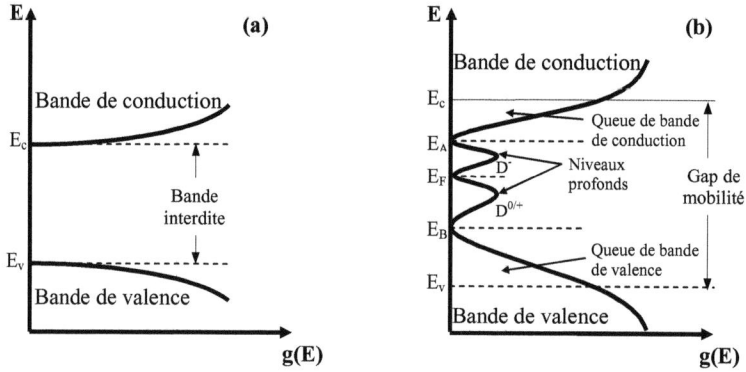

Figure A-1 : *Diagrammes de densités d'états du silicium monocristallin (a), et du Silicium amorphe hydrogéné (b).*

a) **Les états localisés profonds :**

Ce sont des états situés vers le milieu du gap de mobilité. Ils sont dus à la présence de liaisons pendantes, qui peuvent prendre trois états de charge:
- L'état D^+ (ou Si_3^+) dans lequel la liaison pendante n'a aucun électron (charge positive).
- L'état D^0 (ou Si_3^0) dans lequel la liaison pendante a un électron (neutre).

- L'état D^- (ou Si_3^-) dans lequel la liaison pendante a deux électrons (charge négative).

b) Les états localisés peu profonds :

Ce sont des états proches de la bande de valence et de la bande de conduction, ils sont attribués aux distorsions structurales des longueurs et des angles de liaisons. Ils forment: la queue de bande de valence (QBV), en haut de la bande de valence, et la queue de bande de conduction (QBC), en bas de la bande de conduction (figure A-1 (b)).

La densité d'états localisés associés à ce type de défaut est souvent décrite par une décroissance exponentielle:

Pour la QBV : $\quad g(E) = N_V \exp\left(-\dfrac{E - E_V}{K\,T_V}\right) \quad$ *(A-1)*

Pour la QBC : $\quad g(E) = N_C \exp\left(-\dfrac{E_C - E}{K\,T_C}\right) \quad$ *(A-2)*

N_V et N_C : représentent respectivement la densité d'état en E_V et E_C.

$\dfrac{1}{K\,T_V}$ et $\dfrac{1}{K\,T_C}$: représentent les pentes de la QBV et de la QBC respectivement dans la représentation $Log[g(E)]$.

I. 4. Propriétés du a-Si:H :

I. 4. 1. Propriétés physico-chimiques :

Les propriétés physico-chimiques du matériau sont fortement influencées par les différentes configurations de liaison de l'hydrogène dans la matrice du matériau. L'une des méthodes couramment utilisée dans l'étude de la physico-chimie du a-Si:H est l'absorption infrarouge.

Lorsqu'un rayonnement infrarouge traverse une couche mince de a-Si:H, on observe une absorption sélective de ce rayonnement. Cette absorption correspond à des fréquences caractéristiques associées à des modes vibrationnels bien déterminés et répertoriés.

a) Les bandes d'absorption infrarouge :

Dans un spectre d'absorption infrarouge typique du a-Si:H, les trois bandes les plus étudiées se situent autour de 2000, 850 et 640 cm^{-1} [10-15] (voir figure A-2).

- **La bande autour de 2000 cm^{-1}** : Elle est attribuée au mode vibrationnel stretching des liaisons Si-H. Cette bande peut être décomposée en deux gaussiennes. La première centrée en 2000 cm^{-1}, elle indique la présence des groupements monohydrides SiH. La deuxième composante se situe autour de 2100 cm^{-1}, elle est due aux vibrations de la liaison Si-H des groupements dihydrides SiH$_2$ et / ou polyhydrides SiH$_3$.

- **La bande autour de 850 cm^{-1}** : Elle est due au mode de vibration bending de la liaison Si-H. Elle est composée de deux pics : le premier autour de 850 cm^{-1} est attribué aux groupements SiH$_3$ et le deuxième autour de 900 cm^{-1} est associé aux groupements SiH$_2$.

- **La bande à 640 cm^{-1}** : Elle est due au mode vibrationnel wagging de la liaison Si-H dans les différents sites : monohydrides SiH, dihydrides SiH$_2$ et polyhydrides SiH$_3$. Son aire est proportionnelle à la teneur totale en hydrogène lié dans le matériau.

La position de ces bandes d'absorption est généralement admise dans l'ensemble des laboratoires travaillant sur le silicium amorphe hydrogéné. Des déplacements de ces bandes peuvent être observés (de 20 à 30 cm^{-1}). Ils sont dus aux techniques et aux conditions de dépôt, d'une part, et à la composition chimique du matériau (présence d'impuretés) d'autre part [15].

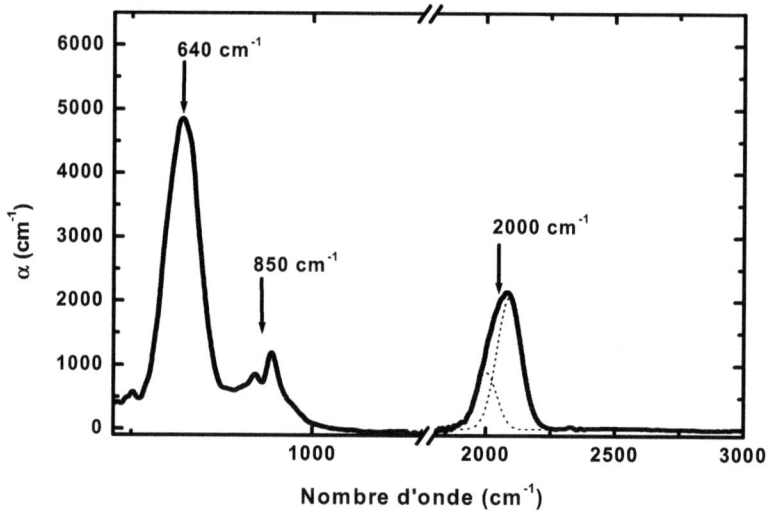

Figure A-2 : *Spectre d'absorption infrarouge typique d'une couche mince de silicium amorphe hydrogéné (a-Si:H).*

b) La teneur en hydrogène lié (C_H) dans le matériau:

L'intensité intégrée "I_{ω_l}" de chaque pic d'absorption caractérisé par un nombre d'onde ω_l, est définie comme: $I_{\omega_l} = \int_{\omega_l} \dfrac{\alpha(\omega)}{\omega} d\omega$.

L'estimation de la teneur absolue en hydrogène ($C_{H_{tot}}$) peut être obtenue par des techniques nucléaires, comme NRA (*Nuclear Reaction Analysis*) et ERDA (*Elastic Recoil Detection Analysis*). La corrélation entre $C_{H_{tot}}$ et l'intensité intégrée I_{ω_l} a permis de trouver une proportionnalité entre elles qui s'écrit [6, 14, 16-19] :

$$C_H(\omega_l) = A_{\omega_l} \int_{\omega_l} \dfrac{\alpha(\omega)}{\omega} d\omega \qquad (A\text{-}3)$$

Où A_{ω_l} est le facteur de proportionnalité, appelé aussi constante d'oscillateur.

Nous prenons comme valeurs de A_{ω_l} associées aux nombres d'onde ω_l = 640, 2000 et 2100 cm^{-1} celle obtenues par *Langford et al.* [14] et qui sont couramment utilisées dans la littérature : $A_{640} = 2,1.10^{19}$ cm^{-2}, $A_{2000} = (9,0 \pm 1,0).10^{19}$ cm^{-2} et $A_{2100} = (2,2 \pm 0,2).10^{20}$ cm^{-2}. Ces facteurs permettent une estimation de C_H en concentration (cm^{-3}). D'autres valeurs utilisées dans la littérature [15, 20] permettent un calcul de C_H en pourcentage : $A_{2000} = 0.282$, $A_{2100} = 0.187$.

c) Le facteur de microstructure (R) du matériau:

Le facteur de microstructure R est une caractéristique du matériau, il est défini comme suit :

$$R = \dfrac{I_{2100}}{I_{2100} + I_{2000}} \qquad (A\text{-}4)$$

Où I_{2000}, I_{2100} sont les intensités intégrées du pic de 2000 cm^{-1} et de 2100 cm^{-1}, respectivement. Sa variation indique un changement structurel de la matrice du matériau à travers la concentration des liaisons Si-H polyhydrides par rapport aux monohydrides.

I. 4. 2. Propriétés optiques :

Sous l'effet d'un rayonnement électromagnétique dans le domaine du visible au proche infrarouge, des transitions électroniques s'effectuent entre les différents états énergétiques, une absorption optique en résulte.

La nature des transitions possibles dépend donc de l'énergie $h\nu$ du rayonnement incident. Ainsi, dans ce domaine d'énergie $h\nu$ nous pouvons observer trois types d'absorption (figure A-3).

a) Absorption à haute énergie de photons (zone I) :

Dans cette zone l'absorption est assurée par les transitions électroniques bande à bande entre les états étendus de la bande de valence et ceux de la bande de conduction. Le coefficient d'absorption dans cette zone est décrit par la relation de *Tauc* [21], qui permet d'accéder au gap optique E_g a partir de l'équation suivante :

$$(\alpha.h\nu)^{1/2} = B_0 (h\nu - E_g) \qquad (A\text{-}5)$$

Où B_0 est une grandeur caractéristique de la structure du matériau. Elle représente la pente de la droite de corrélation $(\alpha.h\nu)^{1/2} = f(h\nu)$. Le gap optique E_g est obtenue par extrapolation de cette droite avec l'axe des énergies pour une absorption nulle $(\alpha = 0)$ (figure A-3).

b) Absorption à moyenne énergie de photons (zone II):

Les contributions de l'absorption dans cette zone sont dues principalement aux transitions électroniques entre états localisés et états étendus donc : entre la queue de bande de valence et la bande de conduction ainsi qu'entre la bande de valence et la queue de bande de conduction. Dans le a-Si:H, la queue de bande de conduction étant plus étroite que la queue de bande valence [22], les transitions électroniques de la bande de valence vers la queue de bande de conduction sont souvent négligeables devant celles entre la queue de bande de valence et la bande de conduction.

Le coefficient d'absorption α dans ce domaine est décrit par l'équation suivante :

$$\alpha(h\nu) = \alpha_0 \exp\left(\frac{h\alpha}{E_0}\right) \qquad (A\text{-}6)$$

Où E_0 représente l'*énergie d'Urbach*. Elle représente avec une bonne approximation la pente de la queue de bande de valence ($E_0 = KT_V$) [23, 24].

c) Absorption à basse énergie de photons (zone III) :

Dans cette zone, associée aux basses énergies de photons, l'absorption est due aux transitions électroniques entre états profonds et états étendus donc, entre les états étendus de la bande de valence et les états localisés profonds situés dans le gap, d'une part, et de ces états localisés profonds vers les états étendus de la bande de conduction, d'autre part. Cette zone nous permet d'estimer la densité N_d des liaisons pendantes [9]. L'attribution quantitative de cette densité se fait par le calcul intégral suivant (voir figure A-3) :

$$N_d = A \int \left[\alpha(hv) - \alpha_0 \exp\left(\tfrac{hv}{E_0}\right) \right] d(hv) \qquad (A-7)$$

A représente une constante de proportionnalité. Le terme $\alpha(hv)$ représente l'absorption totale dans ce domaine et $\alpha_0 \exp\left(\tfrac{hv}{E_0}\right)$ représente l'absorption due aux transitions entre états étendus et queues de bande (il s'agit de l'extension de la zone II dans la zone III). Ce calcul représente donc l'aire hachurée sur la figure A-3.

Les techniques les plus souvent utilisées pour cette étude sont :
- la transmission optique dans la gamme visible-infrarouge pour l'étude de la région I.
- la CPM (**C**onstant **P**hotocurrent **M**easurement) [25] et la PDS (**P**hotothermal **D**eflection **S**pectroscopy) [26] pour l'étude des régions II et III.

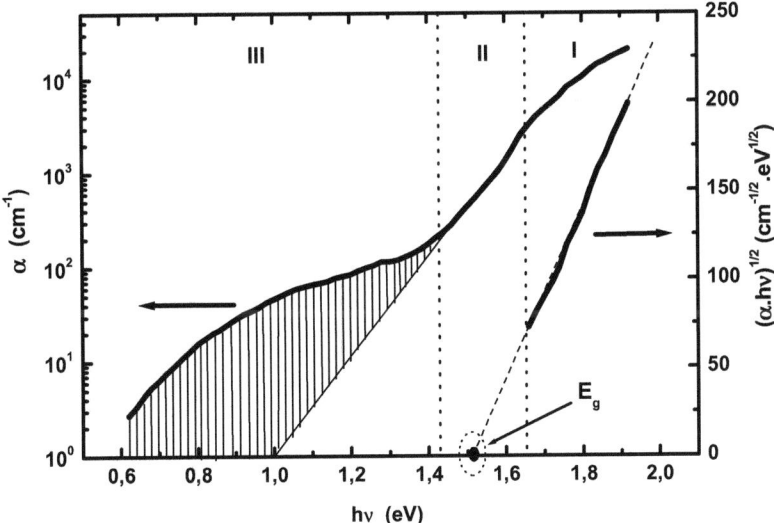

Figure A-3 : *Coefficient d'absorption optique* α *en fonction de l'énergie de photons* hv *pour le silicium amorphe (a-Si).*

I. 3. 4. Propriétés électriques :

La conductivité électrique, dans le cas des semiconducteurs cristallins ou amorphe, est donnée par la formule de *Kubo-Greenwood* [27] :

$$\sigma = e \int N(E)\, \mu(E,T)\, f(E,T)\, dE \qquad (A\text{-}8)$$

avec : e : charge élémentaire.

$N(E)$: densité d'états au niveau énergétique E.

$\mu(E,T)$: mobilité des porteurs libres.

$f(E,T)$: fonction d'occupation du niveau E à la température T.

Dans le cas des semiconducteurs amorphes, la présence des états étendus des bandes de valence et de conduction ainsi que les différents types d'états localisés du gap conduit à trois différents modes de conduction [28]:

- Conduction à travers les états étendus des bandes de conduction et de valence. Ce mode prédomine à assez haute température.
- Conduction par les états localisés de queues de bande. Ce mode prédomine à moyenne température.
- Conduction par saut entre les états localisés profonds situés au voisinage du niveau de Fermi. Ce mode prédomine à très basse température.

Dans notre domaine de travail, on a surtout étudié le mode de conduction qui prédomine à assez hautes températures (au-delà de la température ambiante). Dans ce domaine, la conduction se fait à travers les états étendus et la conductivité peut s'exprimer par :

$$\sigma(T) = \sigma_0 \exp\left(-\frac{E_a}{KT}\right) \qquad (A\text{-}9)$$

Où E_a représente l'énergie d'activation de la conductivité électrique, elle représente l'écart énergétique $E_C - E_F$ pour un semiconducteur de type n et $E_F - E_V$ pour un semiconducteur de type p.

La représentation d'*Arrhenius* : $Log(\sigma) = f(1000/T)$ permet alors une rapide évaluation de E_a.

II. DOPAGE AU BORE DU SILICIUM AMORPHE HYDROGENE :

L'un des intérêts principaux du dopage au bore du silicium amorphe hydrogéné est la possibilité de pouvoir changer le type de porteurs libres et l'ordre de grandeur de sa conductivité électrique, ce qui constitue une condition nécessaire pour des applications électroniques.

Dans ce qui suit nous décrivons la notion de dopage au bore. Nous commençons par le cas du silicium cristallin et nous passons ensuite à celui du silicium amorphe (règle de l'octet modifiée). Nous décrivons ensuite l'influence de ce dopage sur les propriétés électroniques, physico-chimiques, optiques et électriques du a-Si:H.

II. 1. Notion de dopage au bore – cas du silicium cristallin (c-Si):

Lors de l'introduction des atomes de bore en substitution dans le réseau cristallin de silicium, les trois électrons périphériques du bore s'engagent dans des liaisons de valence avec trois atomes de silicium voisins, formant l'atome neutre de bore B_3^0 (figure A-4).

L'atome B_3^0 correspond à un niveau énergétique extrinsèque E_A vide d'électrons. Ce niveau est situé près de la bande de valence (figure A-5).

L'ionisation de l'atome de bore peut avoir lieu par le transfert vers celui-ci d'un électron de valence appartenant à un atome de silicium voisin, c'est-à-dire par la transition d'un électron de la bande de valence vers le niveau extrinsèque E_A. De ce fait, l'atome de bore se transforme en ion négatif stable ; ce dernier engage alors une quatrième liaison de valence avec un atome voisin de silicium. La disparition d'un électron dans la bande de valence signifie la création d'un trou libre dans cette bande :

$$B + \Delta E_A \to B^- + (+q)$$

$\Delta E_A = E_A - E_V$ est l'énergie d'ionisation de l'impureté.

La valeur de l'énergie d'ionisation ΔE_A dépend du type d'imperfection. Pour le cas du bore dans un cristal de silicium, cette énergie est suffisamment faible ($0,045\ eV$) pour que tous les atomes de bore soient ionisés à la température $T = 300\ K$.

Généralement, dans un semiconducteur dopé au bore, la conduction électrique est due aux trous libres, dont la concentration "p" dans la bande de valence est supérieure à la concentration "n" d'électrons de la bande de conduction. On dit que le semiconducteur est de type-p et que les trous (électrons) sont les porteurs majoritaires (minoritaires).

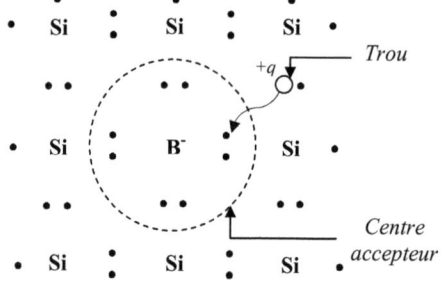

Figure A-4 : *Principe du dopage au bore dans le cas de silicium cristallin.*

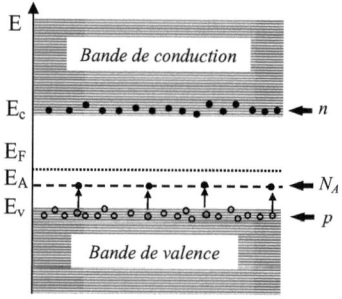

Figure A-5 : *Diagramme des bandes d'énergie d'un semiconducteur, où le niveau accepteur E_A est dû à l'incorporation d'atomes de bore en site substitutionnel. Son occupation par les électrons de la bande de valence crée un excès de trous.*

II. 2. Dopage au bore : cas du silicium amorphe hydrogéné (a-Si:H):

II. 2. 1. Modèle de dopage:

Plusieurs modèles ont été proposés pour expliquer le processus de dopage dans le a-Si:H. Ces modèles devraient être capables d'expliquer, au moins, les points suivants [15] :

- L'efficacité de dopage dans le a-Si:H est très inférieure à celle de silicium cristallin et elle tend à diminuer avec l'augmentation de la concentration de dopant incorporé (voir § II. 2. 2.).
- La majorité des porteurs libres cédés par le dopant ne vont pas dans les bandes de valence et de conduction mais remplissent les états localisés profonds dans le gap.
- L'incorporation des atomes dopants dans le matériau dépend fortement de la méthode de dépôt utilisée.

Inspiré par la règle de l'octet, qui est à l'origine d'un concept moléculaire, *Mott* [29] a expliqué l'impossibilité de doper un semiconducteur amorphe. Il a proposé que sa structure désordonnée autorise chaque atome à satisfaire sa propre valence N et adopter une configuration de liaison afin de minimiser son énergie. Chaque atome se lie avec une coordinance de $Z = \min(N, 8-N)$.

L'atome de bore a une valence $N = 3$, ce qui explique, d'après la règle de l'octet, l'impossibilité d'avoir des atomes dopants actifs (tétra-coordonnés) dans la matrice de a-Si:H.

En 1975, *Spear et LeComber* [30] ont observé expérimentalement des effets de dopage dans le silicium amorphe hydrogéné préparé par PECVD (**P**lasma **E**nhanced **C**hemical **V**apor **D**eposition). Ces observations ont été confirmées ensuite par *Paul et al.* [31], par pulvérisation cathodique. Ces découvertes ont profondément changé la vision des physiciens sur les semiconducteurs amorphes.

Pour expliquer ces résultats expérimentaux, *R. A. Street* [32] a suggéré que la règle de l'octet doit être modifiée par la prise en compte des états chargés des atomes dans le matériau. Il a nommé ce modèle : règle de l'octet modifiée (*modified 8-N rule*).

Cette règle se base sur deux lois : la loi de conservation de charge et la loi d'action de masse.

- **la loi de conservation de charge:**

La loi de la conservation de charge permet d'exprimer la densité d'atomes du bore tétra-coordonnés C_4^- par la relation suivante:

$$C_4^- = p_{bt} + N_{db}\, f^+ \qquad (A\text{-}10)$$

Où p_{bt} : la densité d'états localisés occupés peu profonds du côté de la queue de bande de valence.

N_{db} : la densité de liaisons pendantes Si_3^+.

f^+ : le taux d'occupation de la liaison pendante dans l'état Si_3^+.

Nous avons représenté sur la figure A-6 le rapport des charges pour différents états localisés : B_4^-, p_{bt} et Si_3^+.

Aux niveaux élevés de dopage, le taux d'occupation f^+ de la liaison Si_3^+ est pratiquement égal à 1. En outre, la mesure de la densité des charges contenues dans la queue de bande de valence a indiqué que :

$$p_{bt} \approx 0.1\, N_{db}\, f^+ \qquad (A\text{-}11)$$

L'utilisation des équations (A-10) et (A-11) permet d'écrire :

$$C_4^- \approx N_{db} \qquad (A\text{-}12)$$

Cette égalité signifie qu'une liaison pendante est créée pour chaque atome de bore tétra-coordonné (électriquement actif). Elle est vérifiée pour les méthodes d'élaboration les plus courantes : pulvérisation et CVD [15].

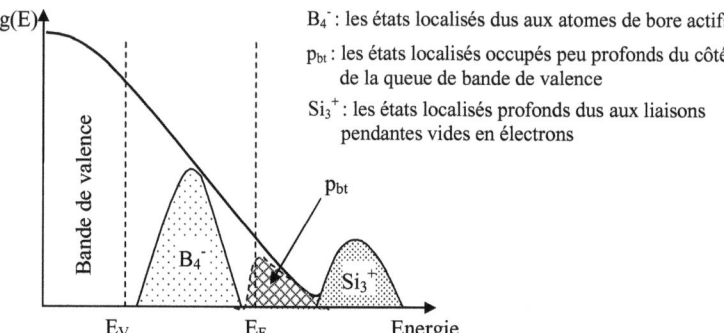

Figure A-6: *Représentation schématique du rapport des charges des états localisés pour un dopage au bore.*

- **la loi d'action de masse :**

Sous l'hypothèse de l'équilibre thermodynamique entre les dopants tri- coordonnés et tétra-coordonnés au moment de la croissance de la couche, la création de liaisons pendantes durant le dopage est décrite par la réaction d'équilibre suivante :

$$Si_4^0 + B_3^0 \leftrightarrow Si_3^+ + B_4^-$$

Cette réaction d'équilibre, dans laquelle la conservation de charge et la création des atomes de bore actifs (B_4^-) sont vérifiées, est en accord avec la règle de l'octet modifiée [32].

L'application de la loi d'action de masse sur la réaction d'équilibre ci-dessus donne :

$$K = \frac{N_{db} C_4^-}{C_{tot}} \qquad (A\text{-}13)$$

Où : K est la constante d'équilibre.

N_{db} est la densité des liaisons pendantes Si_3^+.

C_4^- est la densité des atomes du bore tétra-coordonnés.

C_{tot} est la densité totale du bore incorporé dans le matériau.

D'après les équations (A-12) et (A-13), nous pouvons écrire :

$$C_4^- = N_{db} \propto C_{tot}^{1/2} \qquad (A\text{-}14)$$

La réaction d'équilibre, ci-dessus, suppose un équilibre thermodynamique, condition probablement vérifiée dans le cas d'un dépôt purement thermique (CVD). Dans le cas de la présence d'un plasma (comme pour la pulvérisation cathodique) cette condition a peu de chance de se vérifier. En effet, le bombardement de la surface de croissance de la couche par les électrons et les ions provoque un certain nombre de collisions énergétiques, suffisantes pour placer le système hors équilibre thermodynamique [*]. La création des liaisons pendantes dans un matériau préparé par ces méthodes n'obéit pas donc à loi d'action de masse. Donc, la relation A-14 n'est pas vérifiée.

En effet, *Jousse* [15] a montré que pour un matériau pulvérisé en RF et dopé au bore en phase gazeuse, N_{db} variait suivant la relation :

$$N_{db} = \frac{C_{tot}}{100} \qquad (A\text{-}15)$$

Cette égalité indique que pour chaque 100 atomes du bore incorporés dans le matériau, un seul atome sera placé en site actif tétra-coordonné.

II. 2. 2. Efficacité de dopage :

Nous définissons l'efficacité de dopage η par le rapport de la concentration d'atomes dopants actifs (tétra-coordonnés) C_4^- et la concentration totale C_{tot} d'atomes introduits dans le matériau:

$$\eta = \frac{C_4^-}{C_{tot}} \qquad (A\text{-}16)$$

Dans le cas du silicium cristallin, chaque atome incorporé va se lier en site substitutionnel dans le réseau, donc, l'efficacité de dopage est pratiquement 100 %. Elle diminue dans le cas du silicium polycristallin. Certains auteurs [33, 34] ont interprété cette diminution de η par la ségrégation de la majorité des atomes dopants vers les joints de grains (zones amorphes) pendant la croissance de la couche, créant des centres B_3^0 qui ne sont pas des centres actifs.

---

[*] Notons que la présence du plasma dans un système de dépôt PECVD ne provoque pas un fort bombardement pendant la croissance de la couche. Ce qui explique qu'un matériau PECVD obéit à la loi d'action de masse.

D'autres auteurs [35] ont attribué cette diminution de l'efficacité à la passivation des atomes du bore, situés dans les zones amorphes, par l'hydrogène en créant les liaisons pontées Silicium-Hydrogène-Bore. Dans le cas du a-Si:H, η chute brutalement jusqu'à des valeurs inférieurs à 10 %.

L'efficacité de dopage dans le a-Si:H dépend également à la méthode de dépôt utilisée. Pour un matériau PECVD, l'utilisation de l'équation (A-14) nous permet d'écrire :

$$\eta_{PECVD} \propto C_{tot}^{-1/2} \qquad (A-17)$$

Cette proportionnalité a été vérifiée expérimentalement [32, 36]. Malgré la réussite du dopage du silicium amorphe hydrogéné par la pulvérisation cathodique [31], l'estimation de η associée à cette méthode de dépôt, reste toujours moins évidente par rapport aux méthodes CVD. *Jousse* [15] trouve que l'efficacité de dopage est pratiquement constante autour de 2 %, et donc ne varie pas selon la relation (1-17) trouvée pour un matériau PECVD.

II. 2. 3. Interaction du bore avec l'hydrogène et effet du recuit :

L'étude faite par *Magarino et al.* [37] sur la posthydrogénation de a-Si dopé au bore – préparé par CVD à hautes températures de dépôt > 550 °C - a montré une décroissance importante de l'efficacité du dopage à la suite de la posthydrogénation. Elle est réduite d'au moins un facteur 2. Le mécanisme suggéré est une passivation (neutralisation) du bore par l'hydrogène (sens 1) :

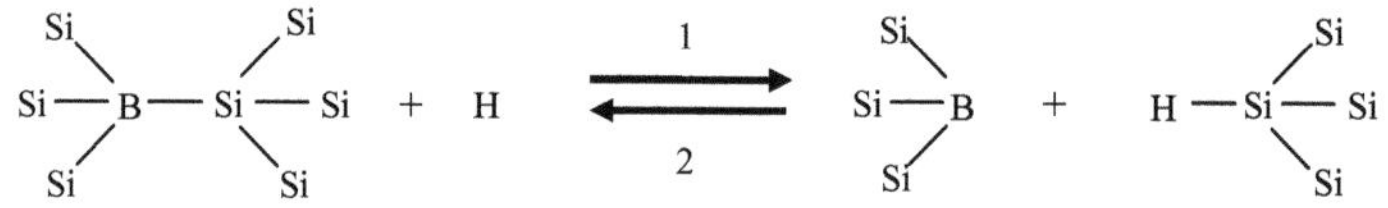

Figure A-7 : *Effet de la post-hydrogénation (sens 1) et du recuit (sens 2) sur l'activation du bore dans le silicium amorphe hydrogéné.*

Ce mécanisme a été mis en évidence dans le silicium cristallin [38, 39]. L'activation du bore est récupérée par un recuit à 130 °C qui fait repartir l'hydrogène (sens 2).

Les calculs effectués par *Zundel et al.* [40] ont montré que l'énergie de dissociation de la liaison accepteur-hydrogène (B-H, Al-H, Ga-H et In-H) ne dépend que faiblement de l'accepteur. Ce résultat est en accord avec l'interprétation de *Pankove et al.* [38] qui pensent que l'atome de l'hydrogène se lie entre un atome accepteur et un autre de silicium, formant ainsi une liaison silicium-hydrogène-accepteur dans laquelle l'hydrogène réagit faiblement avec l'accepteur.

Des études plus récentes [33, 41] ont confirmé que l'activation du bore est assurée par la dissociation des liaisons pontées Si-H---B. La température de recuit associée à cette dissociation a été fixée autour de $T_{recuit} = 200\ °C$ [41, 42].

II. 3. Effets du dopage sur les propriétés de a-Si:H:
II. 3. 1. Propriétés électroniques :

L'incorporation du bore ne peut être sans effets sur les propriétés électroniques du a-Si:H. Ces effets peuvent se résumer en trois points :

- Augmentation de la densité des liaisons pendantes et changement de leur état: l'effet de dopage au bore du a-Si:H sur les liaisons pendantes est double, puisqu'il change leur état de charge de Si_3^0 (dominantes dans le matériau non dopé) à Si_3^+ et augmente leur densité dans le gap. Ceci a été confirmé expérimentalement par utilisation de la technique RPE (**R**ésonance **P**aramagnétique **E**lectronique) [15, 43-45].

- Augmentation de la densité des états de queue de bande : le dopage au bore induit la formation d'un nombre important d'états localisés peu profonds (dus aux distorsions de liaisons Si-Si) essentiellement dans la queue de bande de valence [46, 47]. Malgré l'augmentation de la densité de ces états avec le dopage, cette augmentation reste toujours inférieure à celle des liaisons pendantes.

- Création d'états supplémentaires près de la bande de valence : ces états supplémentaires sont dus principalement aux atomes du bore tétra-coordonné (B_4^-) [48]. C'est l'effet qu'on rencontre dans tous les semiconducteurs quand ils sont dopés p.

Notons qu'en dehors de la technique RPE, d'autres techniques couramment utilisées ont montré une augmentation de la densité de défauts avec le dopage au bore, comme la DLTS (**D**eep **L**evel **T**ransient **S**pectroscopy) [49] et la PDS (**P**hotothermal **D**eflection **S**pectroscopy) [9].

II. 3. 2. Propriétés physico-chimiques:

L'incorporation du bore dans le silicium amorphe hydrogéné entraîne des changements de ses propriétés physico-chimiques, en créant de nouvelles liaisons en plus des liaisons Si-H et Si-Si. La spectroscopie infrarouge permet de suivre ces changements.

En effet, en plus des bandes d'absorption attribuées aux vibrations des liaisons Si-H, des bandes d'absorption supplémentaires, dues aux différentes configurations de liaison du bore avec le silicium et l'hydrogène, peuvent être constatées. En outre, l'incorporation de bore affecte la liaison Si-H elle-même.

Dans un premier temps, la plupart des bandes d'absorption introduites par la liaison du bore ont été identifiées par la mesure de l'absorption infrarouge de diborane B_2H_6 [50, 51], de bore amorphe hydrogéné a-B:H [52] et de a-Si:H dopé au bore et déposé par décharge luminescente [53, 54].

Les différentes bandes introduites par l'incorporation du bore sont les suivantes :

- **La bande autour de 2500 cm^{-1}** : elle est associée au mode de vibration d'étirement (stretching) de la liaison B-H [54]. Cette bande peut être décomposée en deux pics gaussiens; le premier à 2440 cm^{-1} attribué aux unités BH et un autre autour de 2550 cm^{-1} attribué aux unités BH$_2$ et BH$_3$ [15, 45, 55]. *Tsai* [53] a rapporté que cette bande peut se déplacer de 100 cm^{-1} suivant l'environnement local de la liaison B-H.

- **Les bandes entre 1800 et 2000 cm^{-1}** : Cette région d'absorption est attribuée par plusieurs auteurs aux vibrations des liaisons pontées de type Si-H---B et B-H-B. *Jousse* [15] a rapporté que la liaison Si-H---B vibre à 1868 cm^{-1}. Cette attribution a été confirmée par celle du silicium cristallin (c-Si) dopé au bore dans laquelle cette liaison vibre à 1870 cm^{-1} [56]. D'autres auteurs n'ont pas observé cette bande [57, 58] et ont interprété ce fait par un déplacement de cette bande vers la région 2000-2100 cm^{-1} associée aux vibrations en mode d'étirement (stretching) des liaisons Si-H. Quant au deuxième type B-H-B, *Freund et al.* [51] ont trouvé que cette liaison vibre à 1985 cm^{-1} dans la molécule de diborane B$_2$H$_6$. Dans le cas du silicium amorphe hydrogéné, *Tsai* [53] a montré que cette bande d'absorption peut se déplacer jusqu'à la position 1900 cm^{-1} à cause du changement de l'environnement local de la liaison.

- **Les bandes entre 700 et 900 cm^{-1}** : l'étude de cette région par *Shen et al.* [59] a montré qu'elle peut être décomposée en deux pics d'absorption, le premier à 725 cm^{-1} et le deuxième à 830 cm^{-1} attribués aux vibrations des liaisons B-H en mode de balancement (wagging) et Si-B (ou/et B-B polarisées) en mode d'étirement (stretching), respectivement. D'autres études ont aussi montré que cette région peut être décomposé en deux pics ; l'un autour de 700 cm^{-1} attribué aux vibrations des liaisons Si-B et la deuxième à 770 cm^{-1} associée aux liaisons polarisées B-B [45, 54].

Les liaisons B-B sont actives en infrarouge à cause de l'asymétrie de charge inter-atomique provoquée par le désordre structural du matériau [60].

Le tableau A-1, ci-dessous, résume les différentes bandes d'absorption qui peuvent exister dans un spectre d'absorption infrarouge de a-Si:H dopé au bore.

Bande d'absorption (cm^{-1})	Attribution	Références
2500	$B-H$, $B-H_2$, $B-H_3$ stretching	15, 45, 53, 54, 55
2000	$Si-H$, $Si-H_2$, $Si-H_3$ stretching	10-15
Entre 1800 et 2000	$Si-H---B$, $B-H-B$ stretching	15, 51, 53
Entre 700 et 900	$Si-B$, $B-B$ stretching ou $B-H$ wagging	45, 54, 59
850	$Si-H_2$, $Si-H_3$ bending	10-15
640	$Si-H$, $Si-H_2$, $Si-H_3$ wagging	10-15

Tableau A-1 : *Bandes d'absorption infrarouge qui peuvent être observées dans le silicium amorphe hydrogéné dopé au bore.*

II. 3. 3. Propriétés optiques :

Dans le domaine du visible et du proche infrarouge, l'absorption de photons par le silicium amorphe hydrogéné dopé au bore, comme par le silicium amorphe hydrogéné non dopé, fait intervenir des transitions électroniques. Ces transitions peuvent être classées en trois catégories, chaque type de transition prédominant dans une gamme d'énergie particulière des photons incidents. Cela donne naissance à trois comportements différents du coefficient d'absorption α en fonction de l'énergie de photons $h\nu$.

a) Absorption aux hautes énergies de photons :

Aux hautes énergies de photons et à tous les niveaux de dopage, le coefficient d'absorption optique suit la relation de Tauc décrite pour le matériau non dopé (relation (A-5)): $(\alpha.h\nu)^{1/2} = B_0(h\nu - E_g)$.

Où E_g est le gap optique. B_0 est la constante de Tauc. Elle est reliée à la largeur des queues de bandes et sa diminution indique l'augmentation de désordre structural dans le matériau [19, 61-63].

L'ensemble des résultats expérimentaux obtenus sur l'évolution du gap optique E_g avec le dopage au bore montrent un rétrécissement important de E_g, aussi bien pour les matériaux élaborés par décharge luminescente [53, 64, 65] que par pulvérisation cathodique [45].

La diminution de E_g est attribuée à l'effet d'alliage B/Si [53], d'une part, et à la diminution de la concentration de l'hydrogène, d'autre part.

b) Absorption aux moyennes et faibles énergies de photons :

Quand le niveau de dopage au bore augmente, l'absorption aux moyennes et aux faibles énergies de photons s'en trouvent modifiées [9, 45, 53, 66]. Deux effets peuvent avoir lieu selon l'énergie de photons :

- Aux moyennes énergies nous observons un déplacement de la partie exponentielle de l'absorption vers les basses énergies. Rappelons que dans un matériau non dopé, l'absorption optique dans la région des moyennes énergies est due principalement aux transitions électroniques entre la queue de bande de valence (QBV) et la bande de conduction [67, 68]. L'incorporation du bore dans le matériau provoque un élargissement des queues de bandes, particulièrement la QBV, du fait de l'augmentation de désordre structural. Ceci diminue l'écart énergétique entre la QBV et la bande de conduction et déplace donc la partie exponentielle vers les faibles énergies.
- Aux faibles énergies de photons, une augmentation de l'absorption est observée. Dans le matériau non dopé, l'absorption dans cette région est assurée par les transitions électroniques entre les états localisés profonds et les états étendus. L'incorporation du bore à forte concentration provoque une augmentation importante de ces états profonds. Ce qui favorise les transitions électroniques mettant en jeux ces niveaux d'énergies, d'où l'augmentation de l'absorption dans ce domaine.

II. 3. 4. Propriétés électriques :

a) Effet du bore sur le mode de conduction dominant:

Dans le cas de a-Si:H dopé au bore, la conductivité électrique peut être exprimée par:

$$\sigma = \sigma_0 \exp\left[-\frac{E_F - E_V}{KT}\right] + \sigma_1 \exp\left[-\frac{W}{KT}\right] + \sigma_2 \exp\left[-\left(\frac{T_0}{T}\right)^{\frac{1}{4}}\right] \qquad (A\text{-}18)$$

Le premier terme correspond à une conduction activée thermiquement (avec une énergie d'activation $E_a = E_F - E_V$), elle est assurée par le déplacement des trous dans les états étendus de la bande de valence. Le facteur σ_0 varie généralement entre 10^2 et 10^4 $(\Omega.cm)^{-1}$. Ce terme domine à des températures élevées (au-delà de la température ambiante).

Le deuxième terme décrit une conduction activée thermiquement (avec une énergie d'activation W) dans les états localisés de la queue de bande valence (situés entre E_V et E_B) (voir figure A-1). Le facteur σ_1 est petit par rapport à σ_0 de plusieurs ordres de grandeur. Ce terme est dominant aux moyennes températures.

Le dernier terme représente la conduction électrique par saut entre les états localisés situés au voisinage du niveau de Fermi. Ce terme est dominant aux très basses températures.

Diverses études ont été faites dans le but de suivre l'effet du bore sur la domination des trois modes de conduction décrits ci-dessus. Les travaux de *Jousse* [15] ont montré que le comportement linéaire des caractéristiques $Log(\sigma) = f(1/T)$ devient moins dominant avec l'augmentation de la concentration en bore dans le matériau. Il disparaît en régime alliage ($B/Si > 5$ $at.\%$).

Ces résultats sont assez semblables à ceux rapportés par *Tsai* [53] et interprétés par la domination du troisième terme qui correspond au mode de conduction par saut (*hopping conduction*) entre les états localisés profonds [69], états directement concernés par l'incorporation du bore dans le matériau (§ II. 3. 1).

b) **Effet du bore sur la conductivité électrique et l'énergie d'activation:**

La variation de la conductivité électrique de a-Si:H avec le dopage est souvent expliquée par le déplacement du niveau du Fermi E_F dans le gap [15]. Pour suivre cette variation nous avons représenté sur la figure A-8 des résultats expérimentaux de la conductivité électrique à température ambiante σ_{amb} et de l'énergie d'activation E_a. Ces résultats concernent deux matériaux préparés par PECVD et dopés au bore par différentes procédures; l'un par implantation ionique et l'autre par co-pulvérisation.

Nous pouvons distinguer deux régimes de variation de σ_{amb} et E_a selon la concentration en bore :

- **Régime de compensation (Zone I) :** Le silicium amorphe hydrogéné non dopé est légèrement de type-n, la position de niveau de Fermi étant naturellement au-dessus de milieu du gap [30]. Les faibles concentrations en bore ($C_B < 10^{18}$ cm^{-3}) entraînent une diminution de la conductivité avec une augmentation de l'énergie d'activation. Cet effet qui ressemble à un effet de compensation par dopage de type-p a été observé aussi pour des matériaux préparés par pulvérisation cathodique [70] et par décharge luminescente [30, 71]. Cette évolution a été interprétée par le déplacement du niveau de Fermi E_F vers le milieu du gap. L'énergie d'activation dans cette zone de compensation est donnée par l'écart énergétique $E_C - E_F$.

- **Régime de dopage (Zone II) :** l'augmentation supplémentaire de la concentration de bore fait intervenir l'effet inverse, soit l'augmentation de la conductivité électrique. Ceci indique que le matériau devient de type-p. En effet, au-delà d'une concentration de bore incorporé, qui est généralement autour de $C_B = 10^{18}$ cm^{-3}, le niveau de Fermi dépasse le milieu du gap et se déplace vers la bande de valence. L'énergie d'activation est alors donnée par $E_a = E_F - E_V$. Cette dernière diminue donc quand la concentration de bore augmente, en provoquant une augmentation de la conductivité électrique.

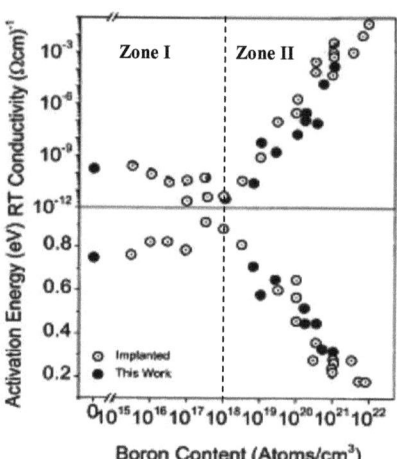

Figure A-8 : *L'énergie d'activation et la conductivité électrique à température ambiante en fonction de la concentration de bore pour deux matériaux, l'un préparé par co-pulvérisation (●) et l'autre par PECVD et dopé par implantation ionique (○) [70].*

Chapitre B

METHODES DE DEPOT

METHODES DE DEPOT

I. INTRODUCTION :

Les différentes propriétés du silicium amorphe hydrogéné (a-Si:H) sont liées, d'une part, à la méthode de dépôt utilisée et aux conditions de ce dépôt, d'autre part.

Afin d'obtenir un matériau de bonne qualité avec un coût réduit, plusieurs procédés de dépôt ont été utilisés. Les méthodes de dépôt utilisées actuellement, peuvent être classées en trois principaux groupes : l'évaporation thermique, la décomposition chimique d'un gaz et la pulvérisation d'une cible.

- **L'évaporation thermique:**

C'est la méthode la plus simple à mettre en œuvre et la plus ancienne. Elle consiste à évaporer thermiquement des grains de silicium cristallin par un faisceau d'électrons (ou d'ions) ou par un faisceau du laser de grande puissance [28, 72].

L'hydrogénation du silicium amorphe obtenu se fait soit au cours de l'évaporation, soit après l'évaporation en soumettant le matériau à un plasma d'hydrogène (post-hydrogénation).

- **La décomposition chimique d'un gaz (CVD) :**

Les techniques de dépôt de type CVD (**C**hemical **V**apor **D**eposition) consistent à décomposer, via des réactions chimiques, des gaz porteurs de silicium (SiH_4, Si_2H_6 ou Si_3H_8) [73]. Le gaz le plus couramment utilisé est le silane SiH_4 à cause de la bonne qualité du matériau obtenu [74].

Le dopage se fait par l'introduction des gaz porteurs de dopants comme le B_2H_6 et BF_3 (pour un dopage de type-p) ou PH_3 et AsH_3 (pour un dopage de type-n) [36, 75].

La décomposition chimique du gaz peut se faire soit par voie thermique, comme dans le cas de LPCVD (**L**ow **P**ressure CVD), soit par formation d'un plasma comme dans le cas de PECVD (**P**lasma **E**nhanced CVD).

Malgré les faibles vitesses de dépôt qui caractérisent ces méthodes (< 4 °A/sec) [76], elles restent les plus utilisées dans la technologie microélectronique, en raison de la faible densité de défauts présents dans le matériau.

Afin d'améliorer les paramètres de dépôt, plusieurs modifications ont été mises au point, ce qui a donné naissance à de nouvelles techniques comme la SAPCVD (**S**ub **A**tmospheric **P**ressure CVD) qui permet le dépôt du matériau sous une pression élevée allant jusqu'à 600 mbar avec une grande vitesse (> 40 °A/sec), et la HWCVD (**H**ot **W**ire CVD) qui permet le contrôle de la formation des espèces à déposer avec une vitesse qui dépasse 50 °A/sec [77].

- **La pulvérisation d'une cible :**

Le principe de cette méthode consiste à bombarder une cible de silicium monocristallin ou polycristallin, par des ions d'énergie cinétique suffisante afin de lui arracher ses atomes de surface (c'est le principe de la pulvérisation). Le bombardement de la cible se fait généralement par des ions d'argon.

La pulvérisation de la cible est réalisée dans un plasma d'argon et d'hydrogène par l'application d'un champ électrique continu (DC) ou alternatif (RF) (généralement de fréquence de 13,56 MHz).

L'hydrogénation du matériau est effectuée par l'introduction de l'hydrogène moléculaire (H_2) dans la chambre de dépôt en même temps que l'argon.

Le dopage est assuré soit par l'utilisation d'une cible dopée, soit par la pulvérisation simultanée (co-pulvérisation) d'une cible de silicium et d'une autre de dopant. C'est le dopage en phase solide.

D'autres méthodes de pulvérisation utilisent la procédure de dopage en phase gazeuse, en utilisant des gaz porteurs de dopant comme le B_2H_6 et BF_3 (pour un dopage de type-p) et le PH_3 et AsH_3 (pour un dopage de type-n).

La vitesse de dépôt de cette méthode, qui est relativement faible, peut être augmentée en ajoutant un champ magnétique perpendiculaire au champ électrique et très proche de la cible [78, 79].

Ce champ magnétique allonge considérablement le parcours des électrons au voisinage de la surface de la cible, ce qui augmente le nombre de collisions inélastiques ionisantes, et provoque ainsi une augmentation du nombre d'atomes pulvérisés. En conséquence, cela peut induire des vitesses de dépôt élevées (jusqu'à 30 °A/sec).

Nous citons quelques avantages concernant cette technique :
- La simplicité de mise en œuvre.
- La possibilité de dopage *in situ*, soit par l'injection de gaz dopants dans la chambre de dépôt, soit par la pulvérisation simultanée d'une cible intrinsèque et une autre dopée (co-pulvérisation), ou bien par la pulvérisation directe d'une cible dopée.
- La possibilité de contrôler séparément les pressions partielles des gaz Ar et H_2 injectés dans la chambre de dépôt.
- La possibilité de déposer des couches à grandes vitesses.

II. PULVERISATION DC ASSISTEE D'UN MAGNETRON :

La pulvérisation DC assistée d'un magnétron est une technique intéressante de dépôt, à cause de ses avantages, particulièrement ceux concernant le contrôle des pressions des gaz et le dopage *in-situ* en phase gazeuse ou solide. C'est la technique que nous avons utilisée dans notre étude.

Nous décrivons dans ce qui suit : l'aspect général de la décharge électrique dans le plasma ainsi que le mécanisme de pulvérisation de la cible.

II. 1. Le plasma – aspect général:

L'état plasma peut être considéré comme le quatrième état de la matière, obtenu par une ionisation totale ou partielle d'un gaz.

Pour le maintenir, il faut un apport d'énergie, ce qui est assuré par un champ électrique. Sous l'effet de ce dernier les atomes de gaz s'ionisent, provoquant ainsi une décharge électrique.

Les ions sont donc accélérés vers la cible à pulvériser (cathode) qui vont éjecter des particules et des électrons secondaires. Avec une énergie cinétique suffisante, les particules éjectées peuvent atteindre le substrat fixé au porte-substrat (anode) et donnent donc lieu à une croissance de la couche sur le substrat.

Une décharge électrique entre deux électrodes planes séparées par une distance "D", peut être considéré comme un *système diode*, et l'espace inter-électrode se divise en trois zones comme illustré sur la figure B-1 :
- *Gaine cathodique* : ou "espace sombre cathodique", il est situé au voisinage de la cible. Cet espace consiste en une zone de charge d'espace d'une épaisseur "d" qui

représente la distance moyenne traversée par les électrons secondaires sans subir de collisions inélastiques ionisantes avec les atomes du gaz.

- *Lueur négative* : C'est une zone située au centre de l'espace cathode-anode, dans laquelle un plasma lumineux se produit par l'ionisation des atomes du gaz. Le spectre d'émission de cette zone est caractéristique des composantes du plasma.

- *Gaine anodique* : ou "espace sombre anodique" : elle se situe au voisinage du porte-substrat (anode) et dépend beaucoup des conditions de travail.

Lors de la décharge électrique l'anode subit un bombardement par les électrons et les ions. Si l'anode est électriquement isolée, elle se charge négativement et acquiert un potentiel négatif. Puis les électrons sont repoussés et les ions attirés de façon à équilibrer les charges ionique et électroniques. Le potentiel de l'anode pour lequel cet équilibre est atteint est un : *"potentiel flottant"*. Si l'anode est reliée à la masse, la nature des substrats est importante. Un substrat conducteur se trouvera à la masse alors qu'un autre isolant sera porté au potentiel flottant.

Dans notre travail, le porte-substrat est électriquement isolé. Tous les échantillons sont donc portés au potentiel flottant.

II. 2. Processus et mécanisme de pulvérisation:

Sous l'effet du champ électrique appliqué, les ions formés dans la lueur négative sont accélérés vers la cible portée à un potentiel négatif, provoquant ainsi un bombardement ionique de la surface de la cible.

Ce bombardement peut engendrer les phénomènes suivants (Figure B-2) :
- Neutralisation et réflexion des ions.
- Implantation des ions dans la cible.
- Ejection des électrons secondaires.
- Emission de photons énergétiques.
- Ejection des particules (neutres et ionisées) de la surface de la cible par collision mécanique des ions. C'est le mécanisme de *"pulvérisation"*.

Notons qu'une grande partie de ces particules pulvérisées sont neutres. Elles ont une énergie cinétique qui peut être suffisamment élevée pour bombarder les couches pendant leur croissance, ce qui représente un inconvénient lors du dépôt.

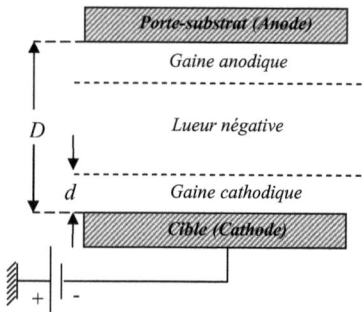 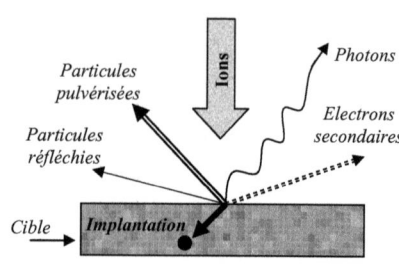

Figure B-1 : Aspect général des zones de la décharge.

Figure B-2 : Phénomènes pouvant avoir lieu lors de la pulvérisation de la cible.

Chapitre C

TECHNIQUES EXPERIMENTALES UTILISEES

TECHNIQUES EXPERIMENTALES UTILISEE

Nous allons décrire dans ce chapitre les différents composants du groupe de dépôt utilisé, les étapes de préparation des substrats et leur nature, la procédure de dépôt, ainsi que les méthodes de caractérisation utilisées sur nos échantillons.

I. DEPOT DU MATERIAU:

Le dépôt des couches s'effectue par la technique de pulvérisation cathodique assistée d'un champ magnétique (ou pulvérisation DC magnétron).

Le groupe de dépôt utilisé comprend essentiellement (figure C-1) :
- Une chambre à vide.
- Un générateur de tension.
- Un système de chauffage du porte-substrat et de mesure de sa température.
- Un groupe de pompage (primaire + secondaire).
- Une armoire à gaz (Ar + H_2).

I. 1. Groupe de dépôt :

- **La chambre à vide :**

La chambre à vide est une enceinte de forme cylindrique et de géométrie capacitive. Elle est fabriquée en acier inoxydable et contient plusieurs passages électriques étanches pour les fils du chauffage, de la mesure de température et de la polarisation de la cible. Elle contient aussi les entrées des gaz (Ar, H_2) et la sortie de pompage.

La cible à pulvériser est un bloc de silicium monocristallin de haute pureté (99,9999 %). Elle est de 76 mm de diamètre et de 6 mm d'épaisseur. Elle est couplée à une plaque de cuivre qui permet sa polarisation par un générateur de tension. En dessous de cette plaque on place un magnétron qui produit un champ magnétique permanent. La cible est refroidie, lors de la pulvérisation, par la circulation d'eau dans la plaque de cuivre.

Les substrats sont fixés sur un disque en cuivre de 5 cm de diamètre. Ce disque est le ''porte-substrat''. Il est fixé au système par une bague isolante.

La distance entre la cible et le porte-substrat est 3 cm. Cette distance permet un dépôt uniforme de la couche sur toute la surface du porte-substrat [78].

Un schéma détaillé de la chambre à vide est représenté sur la figure C-2.

- **Générateur de tension :**

Pour déclencher le plasma dans le mélange gazeux (Ar + H_2), nous utilisons un générateur de tension continu muni d'un système d'asservissement en puissance.

La puissance délivrée par ce générateur peut être contrôlée manuellement et peut atteindre une valeur maximale de 1,8 kWatts. Cette puissance est le produit de la tension cible par le courant électrique de décharge dû au déplacement de différentes espèces qui se trouvent dans le plasma.

- **Contrôle de la température de dépôt :**

Dans le porte-substrat est enchâssée une résistance chauffante pour assurer le chauffage des substrats dans une gamme de température s'étalant de la température ambiante jusqu'à 660 °C environ. La température est mesurée à l'aide d'un thermocouple de type K (*Chromel-Alumel*), placé sur la face arrière du porte-substrat.

- **Groupe de pompage :**

Avant toute procédure de dépôt, la chambre doit être mise sous vide par un groupe de pompage qui comprend deux pompes à vide :
- Une pompe primaire permettant d'atteindre une pression de l'ordre de 10^{-3} mbar.
- Une pompe secondaire à diffusion d'huile. Elle permet d'atteindre une pression inférieure à 10^{-5} mbar.

- **Les gaz :**

Les gaz utilisés dans notre travail sont essentiellement :
- L'argon (Ar) de pureté N55.
- L'hydrogène (H_2) de pureté N55.

Le symbole N55 indique une pureté supérieure à 99,9995 %.

L'acheminement de Ar et de H_2 vers l'enceinte est assuré par deux circuits de tuyaux en acier inoxydable. Le contrôle de la pression partielle de chaque gaz se fait par la disposition d'une microvanne de dosage sur chacun de ces circuits.

Chapitre C TECHNIQUES EXPERIMENTALES UTILISEES

1. Cible de silicium monocristallin.
2. Cache.
3. Porte-substrat.
4. Substrat.
5. Alimentation de la pulvérisation.
6. Thermocouple.
7. Thermomètre.
8. Fenêtre d'observation.
9. Armoire à gaz.
10. Débimètre à bille.
11. Microvannes.
12. Entrée de gaz (Ar, H₂).
13. Groupe de pompage.

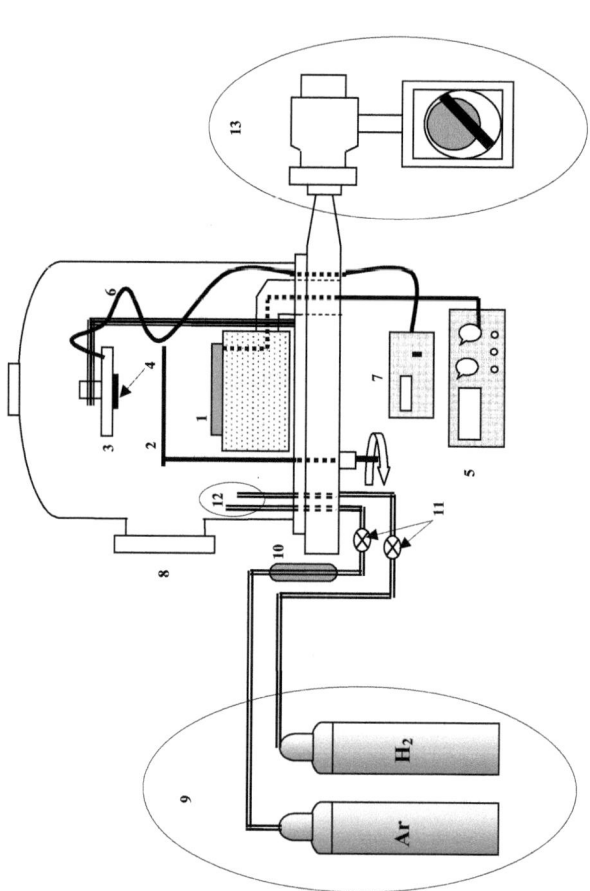

Figure C-1 : Schéma simplifié du groupe de dépôt utilisé.

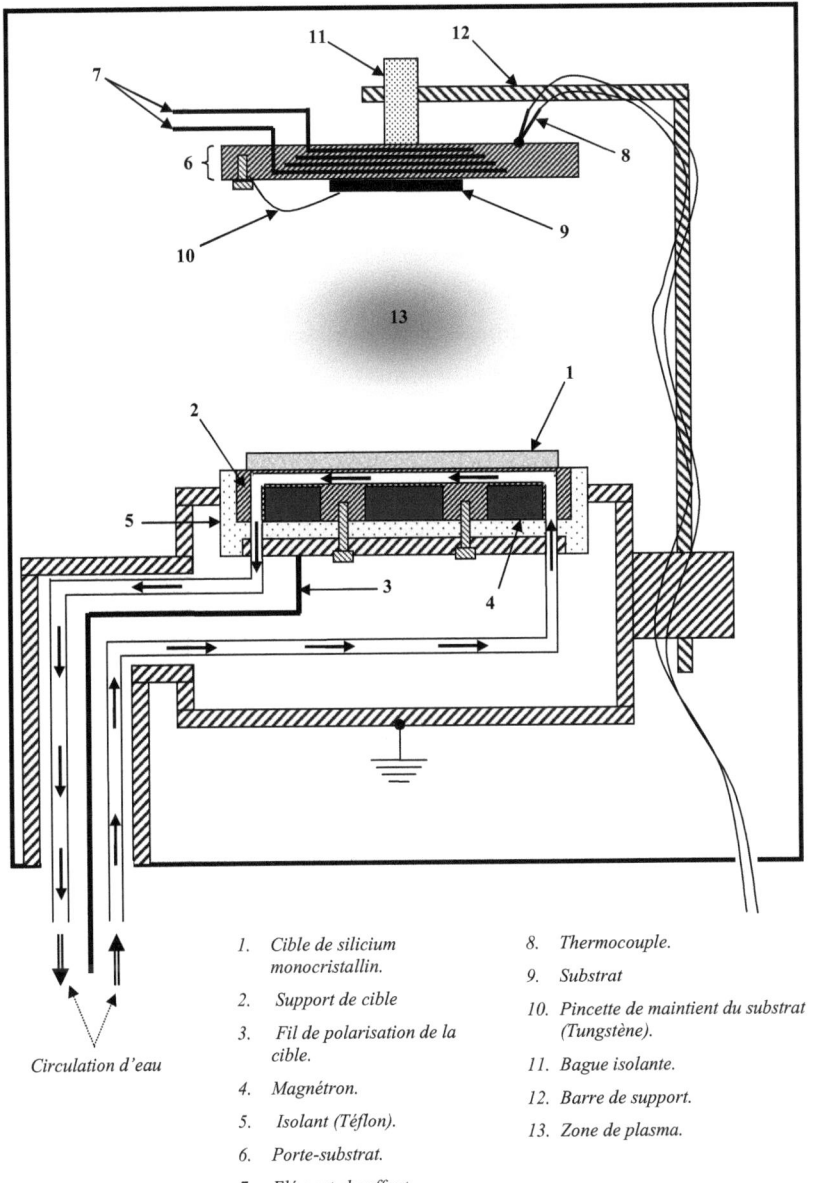

1. Cible de silicium monocristallin.
2. Support de cible.
3. Fil de polarisation de la cible.
4. Magnétron.
5. Isolant (Téflon).
6. Porte-substrat.
7. Elément chauffant.
8. Thermocouple.
9. Substrat.
10. Pincette de maintien du substrat (Tungstène).
11. Bague isolante.
12. Barre de support.
13. Zone de plasma.

Figure C-2 : *Détail de la chambre de dépôt utilisée.*

I. 2. Nature et préparation des substrats :

Les différentes techniques de caractérisation de la couche déposée imposent l'utilisation de différents types de substrats :

- Verre de type *"Corning Glass 9075"* pour les mesures de la transmission optique et les mesures de la conductivité électrique. Les températures de dépôt et de recuit, adaptées à ce type de substrat, ne doivent pas dépasser 650 °C. Pour travailler à des températures supérieures à celle-ci, des substrats en quartz sont souvent utilisés.
- Silicium monocristallin (c-Si) intrinsèque, de résistivité entre 5 et 10 Ω.cm, pour les mesures d'absorption infrarouge.
- Silicium monocristallin fortement dopé au phosphore (N^+) pour l'analyse SIMS (*Spectrométrie de masse d'ions secondaires*).

Avant de fixer les substrats sur le porte-substrat pour effectuer le dépôt, il est nécessaire de les soumettre à un nettoyage adéquat. Il consiste en :

- Un dégraissage par un lavage à l'alcool pur, suivi d'un séchage sur papier absorbant.
- Un nettoyage par l'acide Fluorhydrique très dilué pour enlever la couche d'oxyde présente sur les substrats (utilisé seulement pour les substrats de c-Si intrinsèque).
- Un dernier lavage à l'eau distillée et à l'alcool pur.

Après ce nettoyage, les substrats sont immédiatement introduits dans l'enceinte de dépôt.

I. 3. Méthode de dopage :

Les couches à déposer sont des couches du silicium amorphe hydrogéné (a-Si:H) dopé au bore. La procédure de dopage consiste à placer des brins de bore dans la zone de forte érosion de la cible de silicium (voir figure C-3). Cette procédure permet une pulvérisation simultanée du bore et du silicium (co-pulvérisation). Le contrôle de la quantité de bore pulvérisé, et donc incorporé dans la couche, se fait par la variation du nombre de brins placés sur la cible.

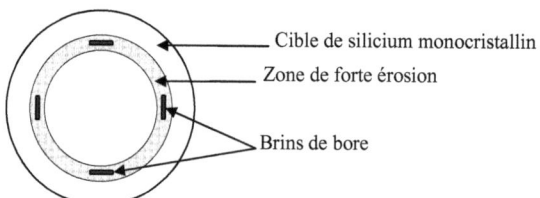

Figure C-3: *Procédure de co-pulvérisation (Si, B) dans un plasma (H_2, Ar).*

I. 4. Procédure de dépôt:

La procédure de dépôt commence par un pompage primaire dans l'enceinte. Lorsque la pression résiduelle atteint une valeur comprise entre 10^{-2} et 10^{-3} mbar, un pompage secondaire est lancé en même temps qu'un chauffage du porte-substrat à une température ~100 °C afin d'en dégazer toutes ses composantes adsorbées.

Le mélange gazeux (Ar, H_2) est directement injecté dans la chambre de dépôt, après que la pression résiduelle atteint une valeur comprise entre $4.\ 10^{-5}$ et $2.\ 10^{-5}$ mbar. Ce mélange gazeux permet d'effectuer un nettoyage de toutes les composantes de la chambre, ainsi que de la paroi interne de la chambre (enlèvement des particules adsorbées).

Après le réglage de pressions partielles des gaz et de température des substrats (température du dépôt), nous attendons 15 minutes environ pour une stabilisation de ces paramètres aux valeurs désirées. Après cette étape, une polarisation suffisante de la cible par un générateur de tension permet l'ionisation du mélange gazeux. C'est la création du plasma.

Avant l'enlèvement du cache qui sépare la cible et le porte-substrat (voir figure C-1), nous attendons 5 minutes environ pour mieux nettoyer la cible et stabiliser les paramètres de dépôt. Cette étape est appelée ''prépulvérisation''.

Nous retirons alors le cache pour commencer le dépôt des couches sur les substrats. Ce dépôt dure 10 minutes pour toutes les couches que nous avons préparées, conformément à l'estimation de la vitesse de dépôt et de l'épaisseur désirée.

Après l'écoulement de la durée de dépôt, nous arrêtons le plasma et le chauffage ainsi que le pompage secondaire et nous gardons l'enceinte sous pompage primaire jusqu'au lendemain, où les échantillons peuvent être enlevés et passés à la caractérisation par différentes techniques. Ces techniques de caractérisation sont décrites dans ce qui suit.

II. TECHNIQUES DE CARACTERISATION :

II. 1. Conductivité électrique en fonction de la température :

La mesure de la conductivité électrique en fonction de la température $\sigma(T)$ permet la distinction des différents modes de conduction, ainsi que le suivi de l'effet de recuit sur la conductivité de nos couches.

II. 1. 1. Dispositif expérimental :

Le montage expérimental que nous avons utilisé pour la mesure de $\sigma(T)$ est représenté sur la figure C-4. Il comprend :

- Une chambre à vide (*Cryostat*), dans laquelle on peut mettre six échantillons à la fois sur le porte-échantillon.
- Une source de tension, utilisée pour la polarisation des échantillons.
- Un scanner *Keithley 706*, qui permet d'aiguiller sur l'échantillon désiré.
- Un électromètre *Keithley 617*, pour la mesure du courant électrique.
- Une alimentation de puissance pour le chauffage des échantillons.
- Un thermomètre digital relié à une sonde en platine (*Pt 100*) pour la lecture de la température.
- Un groupe de pompage secondaire qui permet d'atteindre un vide secondaire dans le cryostat de l'ordre de 10^{-5} mbar.

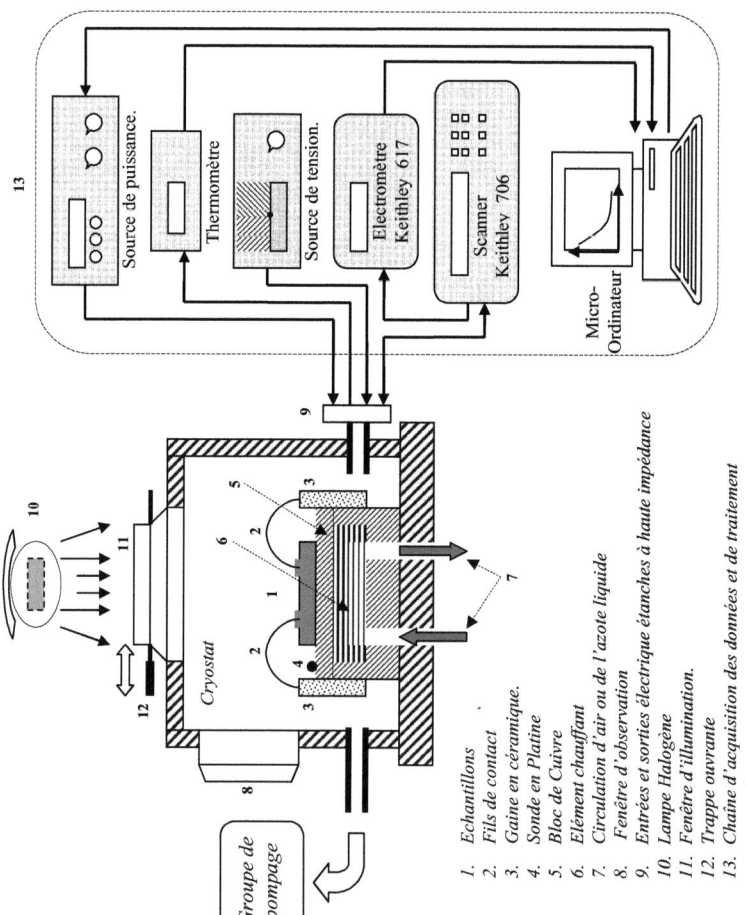

1. Echantillons
2. Fils de contact
3. Gaine en céramique
4. Sonde en Platine
5. Bloc de Cuivre
6. Elément chauffant
7. Circulation d'air ou de l'azote liquide
8. Fenêtre d'observation
9. Entrées et sorties électrique étanches à haute impédance
10. Lampe Halogène
11. Fenêtre d'illumination
12. Trappe ouvrante
13. Chaîne d'acquisition des données et de traitement

Figure C-4 : *Schéma descriptif du banc de mesure électrique utilisé.*

Ces appareils de mesure sont reliés, à travers des passages électriques étanches de hautes impédances au cryostat et sont pilotés par un micro-ordinateur qui permet l'acquisition et le contrôle des données grâce à un programme conçu dans notre laboratoire.

Les échantillons sont collés sur le porte-échantillon à l'aide d'une pâte d'argent pour assurer un bon transfert de chaleur. Le porte-échantillon est un disque de cuivre, dans lequel se trouve un double enroulement d'une résistance chauffante ce qui assure le chauffage du support et des échantillons.

La mesure de la photoconductivité `` σ_{ph} '' est effectuée sous un éclairement par une lumière blanche délivrée par une *lampe Halogène* d'une puissance de 100 mWatts/cm^2 à travers une fenêtre en quartz.

II. 1. 2. Principe et procédure des mesures électriques :

Pour toutes les mesures de conductivité, nous avons utilisé une géométrie coplanaire. Cette géométrie (figure C-5) consiste à déposer deux électrodes en aluminium sous forme de barrettes par évaporation thermique sous vide.

En considérant que le champ électrique appliqué entre les électrodes est uniforme et que l'épaisseur des couches (de l'ordre de 0,4 μm) est négligeable devant la distance entre les électrodes (1 mm), nous pouvons exprimer la conductivité électrique en fonction du courant électrique mesuré par la relation suivante :

$$\sigma = \frac{l}{L.d} \frac{I}{V} \qquad (C-1)$$

Où *l* est la distance entre les électrodes.

L est la longueur des électrodes.

d est l'épaisseur de la couche.

I est le courant électrique mesuré.

V est la tension appliquée entre les électrodes.

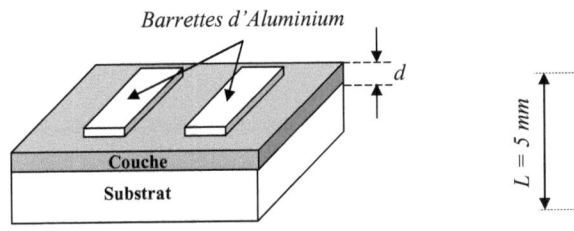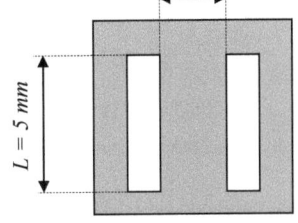

Figure C-5 : *Géométrie coplanaire des électrodes pour les mesures électriques.*

La mesure est précédée par un pompage secondaire de la chambre (*Cryostat*) jusqu'à une pression de l'ordre de 3.10^{-5} mbar. La procédure de la mesure se fait comme suit (voir figure C-6) :
- Un chauffage des échantillons de la température ambiante ($T_{amb} \sim 300$ °K) jusqu'à la température T_1 avec vitesse de chauffage de 5 °K/mn. La température T_1 est inférieure à la température de dépôt (étape 1).
- Les échantillons sont ensuite recuits pendant 20 minutes à la température T_1 (étape 2). Ce recuit permet de :
    o Durcir la pâte d'argent pour assurer un bon contact fil-barrette (voir figure C-4).
    o Dégazer les échantillons et leur support par élimination des effets d'adsorption atmosphérique [80, 81].
    o Effacer tout effet de mémoire de l'échantillon dû à son exposition à la lumière avant d'être placé dans le cryostat.
    Les échantillons sont ensuite refroidis jusqu'à la température ambiante à travers la circulation d'air à l'intérieur du porte-échantillon (étape 3). Après ce recuit, les échantillons sont considérés dans un ''état de référence''.
- Les mesures de la conductivité en fonction de la température se font durant l'étape 4, c'est-à-dire pendant la montée en température jusqu'à T_f. Les échantillons sont ensuite refroidis par circulation d'air dans le porte-échantillon (étape 5).
- Une montée jusqu'à la température T_f sous éclairement permet de mesurer la conductivité sous lumière (étape 6). Elle est suivi un refroidissement à T_{amb} (étape 7).
- Pour pouvoir observer l'effet d'un recuit à une température T_2 supérieure à celle de dépôt T_d, on procède à un chauffage des échantillons jusqu'à T_2 (étape 8). Puis un recuit à cette température pendant 20 minutes (étape 9), et enfin un refroidissement à la température ambiante (étape 10). Les échantillons sont alors dans un nouvel état de référence.

La comparaison des caractéristiques $\sigma(T)$ avant et après le recuit de T_2, nous permet de suivre les changements provoqués par ce recuit sur les propriétés électriques.

Chapitre C   *TECHNIQUES EXPERIMENTALES UTILISEES*

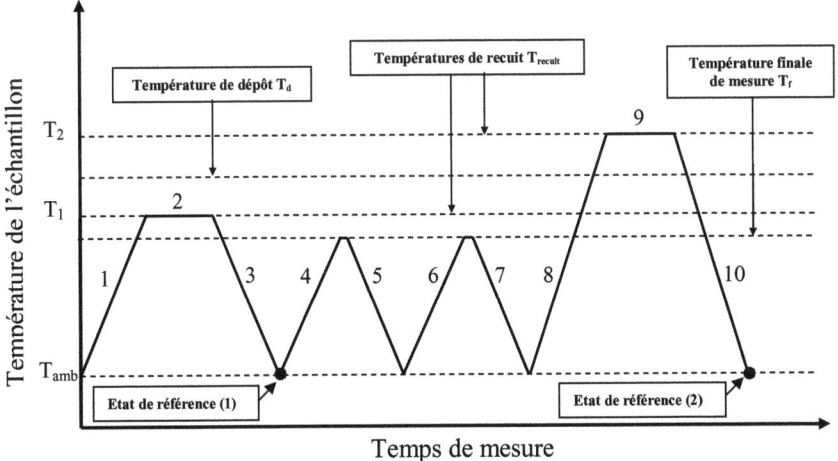

Figure C-6 : *Procédure de mesure de la conductivité par l'évolution de la température des échantillons.*

II. 2. Transmission optique:

La mesure de la transmission optique d'une couche mince déposée sur un substrat de verre est une technique largement utilisée pour la détermination, avec une bonne approximation, de son épaisseur "d", de son indice de réfraction "n" et de son coefficient d'absorption spectrale "α".

Une partie des mesures a été effectuée au laboratoire de la chimie des polymères de la faculté de chimie (USTHB), et la deuxième partie a été effectuée à l'institut d'électronique et de télécommunications de l'université de Rennes I (France). Les mesures ont été faites dans la gamme de longueur d'onde allant de 350 à 2500 nm. Dans ce domaine, le substrat de verre (*Corning Glass 9075*) est transparent.

Un spectre typique obtenu sur une couche mince de a-Si:H est présenté sur la figure C-7. Sur cette figure, nous distinguons trois zones caractéristiques :

- <u>Zone I</u> : c'est la zone de transparence où l'absorption est négligeable. Dans cette zone nous observons des franges d'interférences. Ces interférences sont dues aux réflexions multiples aux interfaces air/couche, couche/substrat. L'étude de cette zone nous permet d'estimer l'épaisseur de la couche "d" et l'indice de réfraction statique "n_s".

- *Zone II* : zone de faible absorption où l'intensité des franges d'interférences diminue avec la diminution de la longueur d'onde λ. L'étude de cette zone permet de déterminer l'évolution de l'indice de réfraction n en fonction de λ.
- *Zone III* : zone de forte absorption. Elle permet le calcul du coefficient d'absorption " α " et l'évaluation du gap optique E_g en utilisant la relation de *Tauc* (relation A-5).

Les détails concernant le traitement du spectre de transmission optique se trouvent dans les références [82, 83].

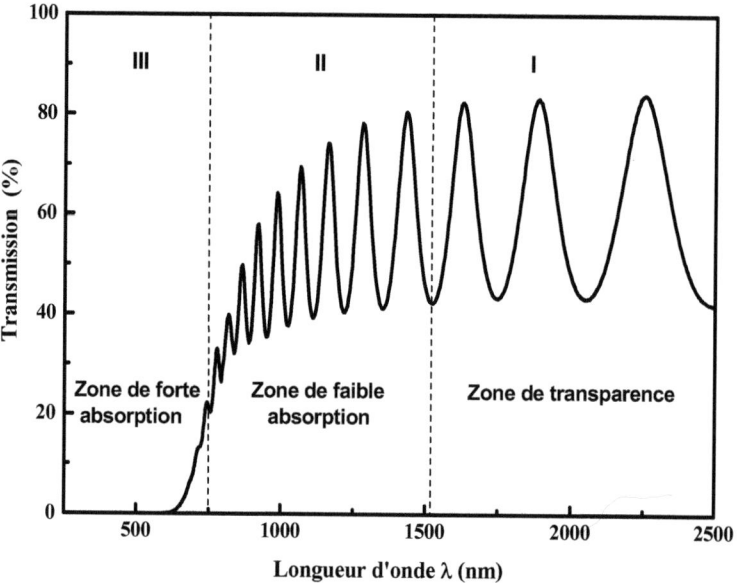

Figure C-7 : *Exemple typique de spectre de transmission optique en fonction de la longueur d'onde pour une couche de silicium amorphe hydrogéné.*

II. 3. Spectroscopie infrarouge à transformée de Fourier (IRTF):

La spectroscopie infrarouge à transformée de Fourier (ou FTIR : *F*ourier *T*ansformed *I*nfra*R*ed *spectroscopy*) est basée sur l'absorption d'un rayonnement infrarouge par le matériau analysé. Elle permet via la détection des vibrations caractéristiques des liaisons chimiques, d'effectuer l'analyse physico-chimique du matériau.

II. 3. 1. Dispositif expérimental:

L'analyse physico-chimique a été effectuée sur un spectromètre à transformée de Fourier de type *Perkin Elmer (FTIR)* disponible dans notre laboratoire LCMS. La figure C-8 représente un schéma simplifié de ce spectromètre.

Le faisceau infrarouge provenant de la source est dirigé vers l'interféromètre de Michelson dans lequel il arrive sur la séparatrice qui le divise en deux faisceaux. Un des faisceaux parcourt un chemin optique fixe, l'autre d'un chemin optique de longueur variable à cause d'un miroir mobile. Quand les deux faisceaux se recombinent, des interférences destructives ou constructives apparaissent en fonction de la position du miroir mobile. Le faisceau est alors réfléchi par les deux miroirs (fixe et mobile) vers l'échantillon, où des absorptions interviennent. Le faisceau transmis arrive ensuite sur le détecteur pour être transformé en signal électrique. Il apparaît alors comme un interférogramme (figure C-8), c'est-à-dire un signal donnant l'intensité en fonction de la position du miroir mobile. Celui-ci contient toutes les informations requises pour produire un spectre infrarouge suite à une opération mathématique appelée transformée de Fourier. Pour plus de détails sur l'instrumentation d'un spectromètre FTIR, voir la référence [84].

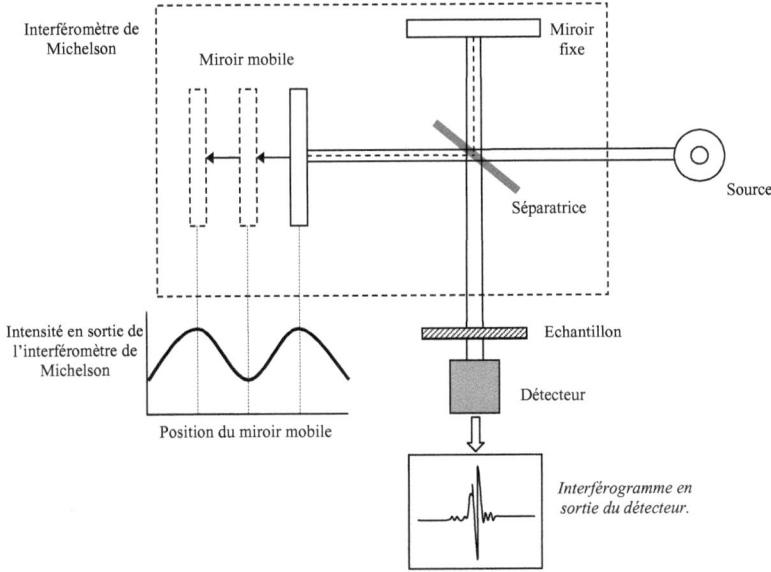

Figure C-8 : *Schéma simplifié d'un spectromètre à transformée de Fourier (FTIR).*

II. 3. 2. Principe de la méthode:

Lorsque le nombre d'onde ω du faisceau incident sur l'échantillon est égal au nombre d'onde caractéristique d'une liaison présente dans cet échantillon, cette dernière absorbe le rayonnement, provoquant ainsi une diminution de l'intensité transmise.

Toutes les vibrations ne donnent pas lieu à une absorption, cela dépend de la géométrie du groupement (sa symétrie), d'une part, et du moment dipolaire de liaison elle-même.

La position de la bande d'absorption dépend de la différence d'électronégativité des atomes et de leur masse. Elle est donnée par la loi de Hooke :

$$\omega = \frac{1}{2\pi c}\sqrt{\frac{f(m_x + m_y)}{m_x . m_y}} \qquad (C\text{-}2)$$

Où c est la vitesse de la lumière.

f est la constante de la force de la liaison.

m_x et m_y sont les masses des atomes x et y, respectivement.

II. 3. 3. Procédure de traitement du spectre infrarouge :

Les spectres de la transmission obtenu $T(\omega)$ des échantillons ont été pris dans une gamme de nombre d'onde allant de 450 à 7000 cm^{-1} avec une résolution de 4 cm^{-1} (une mesure est effectuée tous les 4 cm^{-1}) et un nombre de scan égal à 15.

Ce spectre représente le spectre de transmission total (couche + substrat). Le passage au coefficient d'absorption "α" de la couche seule nécessite un traitement informatique.

Ce traitement comprend quatre étapes principales. La première consiste à retraiter l'absorption, due au substrat, du spectre brut de l'échantillon par une division par celui du substrat nu (figure C-9 (a)). La deuxième étape est un lissage du spectre pour éliminer les franges d'interférence dues aux réflexions multiples aux faces du substrat. La troisième est l'élimination des franges d'interférence dues aux réflexions multiples aux faces de la couche par une procédure semi-automatique basée sur la division du spectre par une fonction définie comme une ligne de base du spectre correspond au spectre sans absorption (figure C-9 (b)) :

$$BL = Ax + B + C\cos[\beta(x - x_0)] \qquad (C\text{-}3)$$

Où A, B, C, β et x_0 sont des paramètres caractéristiques de la ligne de base tirée du spectre lissé.

Un soin spécial doit être consacré à la détermination de la ligne de basse BL. En effet, une détermination exacte de BL évitera des erreurs considérables qui peuvent atteindre 20% sur le calcul du coefficient d'absorption α [12, 14, 85].

La dernière étape consiste en un passage au calcul du coefficient d'absorption "α" par la formule de *Beer-Lambert* :

$$\alpha = \frac{1}{d} Log\left(\frac{1}{T}\right) \qquad (C\text{-}4)$$

Où d est l'épaisseur de la couche déterminée par la mesure de la transmission optique.

Un spectre d'absorption infrarouge α est représenté sur la figure C-9 (c).

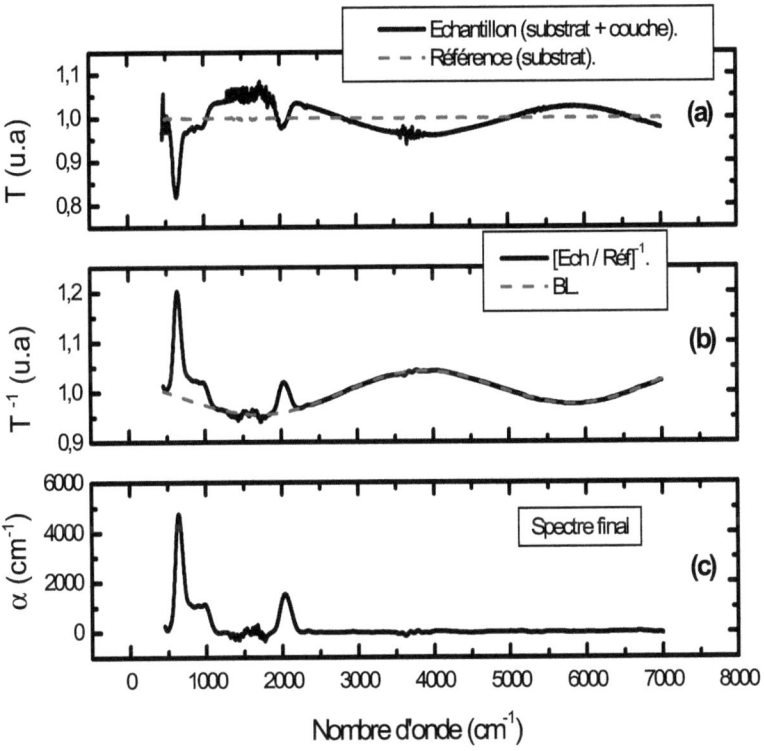

Figure C-9 : *Etapes principales du traitement d'un spectre infrarouge.*

II. 4. Spectrométrie de masse d'ions secondaires (SIMS) :

Dans le cadre de ce travail nous avons utilisé la technique SIMS (<u>S</u>econdary <u>I</u>on <u>M</u>ass <u>S</u>pectrometry ou spectrométrie de masse d'ions secondaires) pour confirmer l'incorporation du bore et déterminer sa concentration. L'analyse a été effectuée à l'UDTS (<u>U</u>nité de <u>D</u>éveloppement de la <u>T</u>echnologie du <u>S</u>ilicium).

Le principe de cette technique consiste à bombarder la surface du matériau avec un faisceau d'ions de type O_2^+, O^- ou de Cs^+. Ce faisceau est appelé « faisceau primaire ».

Les ions primaires frappent une petite surface de l'échantillon (de quelques dizaines de microns de côté) suivant un angle d'incidence oblique. Chaque ion atteint l'échantillon avec une énergie allant typiquement de 2 à 15 keV. L'impact des ions primaires sur l'échantillon provoque en particulier l'éjection des particules (ions, atomes neutres, électrons,...) présents en surface. Une fraction des atomes éjectés est ionisée et forme les ions dits « secondaires ». Le faisceau d'ions secondaires subit alors une double sélection. Il passe tout d'abord par un prisme électrostatique qui va filtrer les diverses énergies, puis est focalisé sur un spectromètre de masse qui permet d'analyser les espèces suivant leur rapport masse sur charge électrique (m/q). C'est une technique ultrasensible (très faibles limites de détection) pour la quasi-totalité des éléments de la classification périodique (analyse de traces). Son principal inconvénient est la destruction de l'échantillon analysé.

La dose d'ions primaires permet de faire la distinction entre les deux régimes existant en SIMS : le régime statique et le régime dynamique [86].

Le régime statique utilise une dose d'ions primaires faible (inférieure à 10^{12} $ions/cm^2$). La vitesse de pulvérisation est alors très faible ($1\,°A/h$). Une fraction seulement de la première couche atomique est consommée au cours d'une analyse.

En régime dynamique la dose des ions primaires dépasse la valeur 10^{17} $ions/cm^2$, ce qui conduit à une vitesse importante de pulvérisation (supérieure à 10 $\mu m/h$). Une pulvérisation contenue du matériau, en ce régime, accompagnée d'une analyse permet d'établir un profil en profondeur qui donne l'évolution des concentrations des espèces en fonction de la profondeur.

Plus de détails expérimentaux sur cette technique sont rapportés dans l'annexe (p. 88).

Chapitre D

RESULTATS EXPERIMENTAUX ET DISCUSSIONS

RESULTATS EXPERIMENTAUX ET DISCUSSIONS

L'objet du présent chapitre est la présentation et la discussion de l'ensemble des résultats expérimentaux obtenus sur l'effet de dopage au bore du silicium amorphe hydrogéné.

Nous présentons d'abord les conditions préliminaires de dépôt avec lesquelles les premiers échantillons ont été déposés. Nous présentons ensuite les résultats obtenus par l'analyse SIMS. Cette analyse permet de confirmer l'incorporation du bore dans nos échantillons et estimer sa concentration. Nous présentons ensuite les résultats concernant l'effet de cette incorporation du bore sur les propriétés physicochimiques, optiques et électriques du matériau. L'influence de la pression partielle d'hydrogène sur les différentes propriétés d'un matériau dopé au bore est aussi présentée.

I. CONDITIONS PRELIMINAIRES DE DEPOT :

Le dépôt du silicium amorphe hydrogéné dopé au bore est assuré par la pulvérisation simultanée (co-pulvérisation) du silicium et du bore dans un mélange gazeux (Ar, H_2).

Le choix de ces conditions a été fait à partir des études antérieures effectuées dans notre laboratoire sur le matériau non dopé [79]. Ces conditions permettent de préparer un matériau non dopé de bonne qualité, dans un plasma stable. En effet, le suivi des propriétés photoconductrices en fonction de la température de dépôt "T_d" a montré que l'échantillon préparé à $T_d = 260\,°C$ présente le maximum de sensibilité à la lumière. En outre, la stabilité du plasma dépend notamment de sa puissance ainsi que des pressions partielles d'argon et d'hydrogène [78, 79]. Cette stabilité nous permet de préparer des échantillons dans les mêmes conditions pendant tout le temps de dépôt, d'une part, et d'éviter l'endommagement du groupe de dépôt par la présence d'arcs électriques, d'autre part.

L'ensemble de ces conditions de dépôt permet, aussi de fixer la vitesse de dépôt de nos couches et donc de contrôler leur épaisseur, en fixant le temps de dépôt. Cette épaisseur est ensuite précisée par la technique ''Transmission optique''. Les épaisseurs des couches obtenues sont de l'ordre de $0,4\ \mu m$.

Dans le tableau ci-dessous (tableau D-1), nous avons donné les valeurs des conditions de dépôt utilisées pour la préparation de la première série d'échantillons.

Température de dépôt T_d (°C)	Pression partielle d'hydrogène P_{H2} (mbar)	Pression partielle d'argon P_{Ar} (mbar)	Puissance plasma W (watts)
260	$9 \cdot 10^{-5}$	10^{-4}	100

Tableau D-1 : *Conditions préliminaires de dépôt des échantillons.*

II. INCORPORATION DU BORE DANS LES COUCHES :

La confirmation de l'incorporation du bore dans le matériau et la détermination de sa concentration ont été faites par l'analyse SIMS. Rappelons que le principe de cette analyse est basé sur le bombardement de la couche par des ions primaires énergétiques. L'analyse des différentes espèces arrachées de la couche permet de donner le profil de leur distribution.

La figure D-1 montre deux exemples de ces profils de distribution. Ils sont associés à deux échantillons élaborés avec différents nombres de brins de bore, l'un préparé à 7 brins (a) et l'autre à 60 brins (b) (voir méthode de dopage décrite à la page 37).

Nous remarquons clairement que le signal du bore dans l'échantillon préparé à 60 brins est plus élevé que celui dans l'échantillon préparé à 7 brins. Ce signal a été détecté constant dans toute l'épaisseur de la couche. Ce résultat indique que son incorporation dans la couche est homogène, et il peut s'expliquer par la constance de processus de son introduction dans la couche pendant le dépôt [87, 88].

Nous constatons aussi que le signal du bore chute brutalement dans le substrat de plusieurs ordres de grandeur. La présence du bore dans le substrat est certainement due à sa diffusion de la couche vers le substrat [88].

Les profils de distribution déterminés par la technique SIMS sont exprimés en nombre de coups / seconde, en fonction du temps d'érosion (temps de pulvérisation) de l'échantillon. La conversion en concentration est assurée par le calibrage des mesures obtenues par référence à l'étalon implanté par l'espèce étudiée.

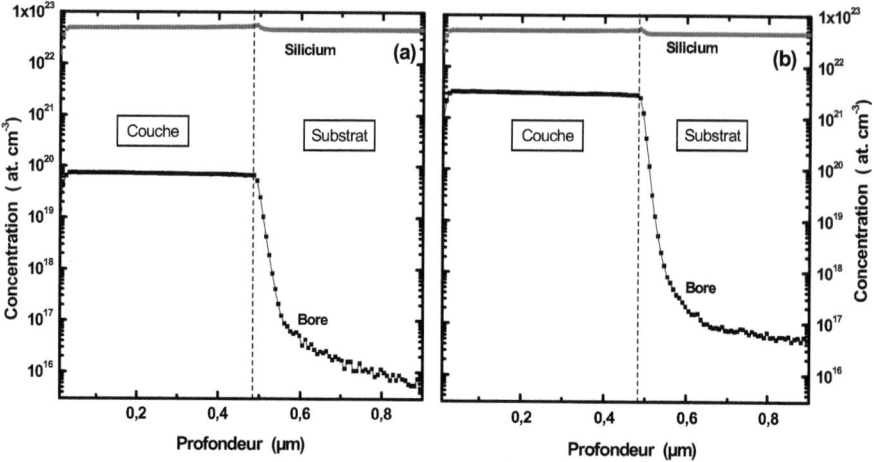

Figure D-1 : *Profils de distribution SIMS de bore et de silicium obtenus pour deux échantillons, l'un préparé par l'utilisation de 7 brins de bore (a) et l'autre par 60 brins (b).*

Dans la figure D-2 nous avons présenté la variation de la concentration de bore C_B en fonction de nombre de brins utilisés pour des échantillons préparés à deux pressions d'hydrogène différentes : 5.10^{-5} mbar et 9.10^{-5} mbar.

Nous remarquons clairement que l'incorporation des atomes de bore dans les couches augmente avec le nombre de brins utilisés : quand le nombre de brins s'accroît de 0 à 120 la concentration C_B augmente de 4 ordres de grandeur.

Notons que l'analyse SIMS effectue sur l'échantillon préparé sans brins du bore a montré l'existence d'une certaine concentration de bore relativement élevée (de l'ordre de 10^{17} at. / cm^3). Ceci peut être dû à l'implantation des atomes du bore dans la cible de silicium pendant la préparation des tous premiers échantillons dopés.

Ce procédé d'élaboration de couches dopées nous a permis d'atteindre des concentrations de bore allant de $1,3.10^{17}$ cm^{-3} à $1,6.10^{22}$ cm^{-3}. Nous retrouvons cet ordre de grandeur dans de nombreuses études [15, 70].

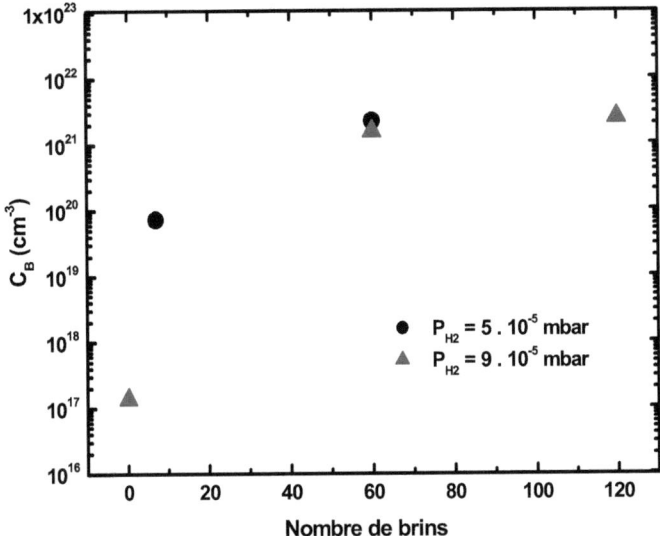

Figure D-2 : *Concentrations d'atomes de bore mesurées par la SIMS en fonction du nombre de brins utilisés pour des échantillons préparés à deux pressions d'hydrogène différentes.*

Dans ce qui suit, nous présentons l'effet de l'incorporation du bore sur les propriétés des couches obtenues.

III. EFFET DE L'INCORPORATION DU BORE SUR LES PROPRIETES DU SILICIUM AMORPHE HYDROGENE :

Nous présentons ici les changements observés dans les propriétés physico-chimiques, optiques et électriques du matériau en fonction de la concentration de bore incorporé. Tous les échantillons de cette partie ont été préparés dans les conditions de dépôt préliminaires données dans le tableau D-1 (p. 50).

III. 1. Propriétés physico-chimiques:

III. 1. 1. Différentes bandes d'absorption infrarouge observées:

Pour se référer aux pics généralement observés dans un spectre d'absorption infrarouge, voir le tableau A-1 (p. 22).

Nous représentons sur la figure D-3 un spectre d'absorption infrarouge obtenu dans la gamme $440 - 3000\ cm^{-1}$ pour un échantillon dopé à $C_B = 5,4.10^{21}\ cm^{-3}$. Nous constatons l'existence des bandes d'absorption suivantes :

- Une bande autour de $2000\ cm^{-1}$ qui est la signature de vibration des liaisons Si-H en mode d'étirement (stretching) dans différentes groupements : monohydrides SiH, d'une part, et / ou dihydrides SiH_2 et polyhydrides SiH_3, d'autre part.
- Une bande autour de $640\ cm^{-1}$, elle est associée à la vibration de la liaison Si-H en mode de balancement (wagging).
- Une bande supplémentaire dans la région $700 - 900\ cm^{-1}$ qui peut être attribuée aux vibrations des liaisons Si-B et / ou B-B polarisées en modes stretching d'une part, et celles des liaisons B-H en mode wagging, d'autre part.
- Un épaulement d'absorption autour de $950\ cm^{-1}$. Il est attribué au mode de vibration stretching des liaisons Si-O [15, 89].

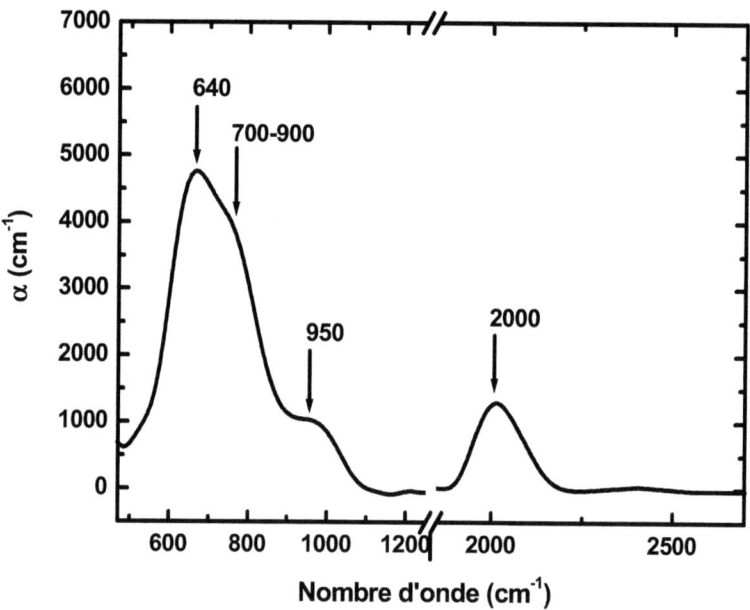

Figure D-3: *Spectre d'absorption infrarouge de a-Si:H dopé au bore à $C_B = 5,4.10^{21}\ cm^{-3}$.*

III. 1. 2. Evolution du spectre d'absorption avec le taux de bore incorporé:

Dans le but de suivre l'effet du bore sur les différentes bandes d'absorption, nous avons représenté sur la figure D-4 les spectres d'absorption infrarouge pour différentes concentrations de bore C_B. Nous pouvons clairement remarquer que l'effet du bore se manifeste par :

- Une décroissance de la hauteur de la bande d'absorption autour de 640 cm^{-1}.
- Une diminution de l'aire de la bande de 2000 cm^{-1} et un déplacement de sa position vers les basses nombre d'onde.
- Une augmentation de l'absorption dans la région 700 – 900 cm^{-1}, à l'exception de l'échantillon dopé à $C_B = 5,4.10^{21}$ cm^{-3} qui présente une absorption maximale.

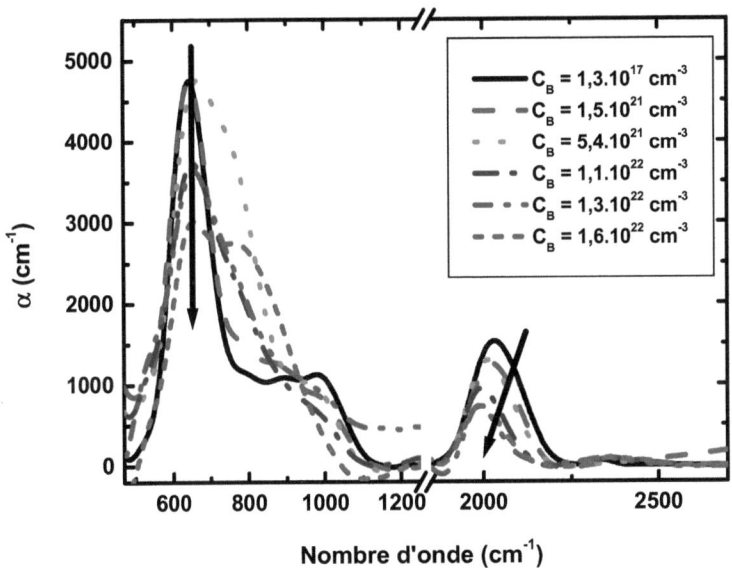

Figure D-4: *Evolution du spectre d'absorption infrarouge avec la concentration de bore C_B.*

La bande autour de 640 cm^{-1}, due au mode vibrationnel wagging de la liaison Si-H dans toutes ses configurations (SiH, SiH_2, SiH_3), montre une nette diminution de son intensité en fonction du taux de bore incorporé, ce qui indique une nette diminution de la teneur en hydrogène dans les couches.

Concernant la bande à 2000 cm^{-1}, la diminution de son intensité confirme la diminution de l'hydrogène dans les couches. En effet, l'estimation de la teneur en hydrogène lié C_H à partir de l'intensité intégrée $I = \int \frac{\alpha(\omega)}{\omega} d\omega$ de cette bande montre une importante diminution de cette quantité de 32 at. % à 10 at. % quand la concentration de bore passe de $C_B = 1,3.10^{17}$ cm^{-3} à $C_B = 1,3.10^{22}$ cm^{-3} (figure D-5).

D'autre part son déplacement vers les faibles nombres d'onde (voir figure D-6) indique une prédominance des liaisons monohydrides (pic à 2000 cm^{-1}) par rapport aux dihydrides et polyhydrides (pic à 2100 cm^{-1}). Ceci a aussi été observé sur le paramètre de la microstructure R défini par $R = \frac{I_{2100}}{I_{2100} + I_{2000}}$ qui mesure le rapport de l'intensité intégrée des dihydrides et polyhydrides I_{2100} à l'intensité intégrée totale $I_{2100} + I_{2000}$. Sur la figure D-7 nous pouvons voir sa diminution de 0,34 à 0,07 quand la concentration de bore augmente de $C_B = 1,3.10^{17}$ cm^{-3} à $C_B = 1,3.10^{22}$ cm^{-3}.

Cette évolution de la bande de 2000 cm^{-1} est couramment corrélée au changement de la structure microscopique du matériau [13, 90-94].

Concernant le contenu de bore dans les couches, il peut être observé à travers l'augmentation de l'absorption dans la région 700 – 900 cm^{-1}, cette région étant généralement attribuée à la vibration des liaisons Si-B et / ou B-B polarisées en mode stretching [45, 54, 59] d'une part, et aux vibrations des liaisons B-H en mode wagging [59], d'autre part.

Enfin, nous pouvons noter l'absence de la bande stretching située autour de 2500 cm^{-1}, signature de la liaison B-H (voir chapitre A (§ II. 3. 2.)). Il semblerait donc que cette liaison n'est pas présent, ou que sa densité est très faible dans notre matériau.

Pour résumer, l'incorporation du bore dans la matrice de a-S:H s'accompagne des effets suivants :

1- Diminution du taux d'hydrogène dans les couches.

2- Augmentation de la proportion des liaisons Si-H monohydrides au détriment des dihydrides et polyhydrides.

3- Attachement de l'hydrogène de manière préférentielle au silicium qu'au bore.

Il faut signaler que des résultats similaires ont été obtenus par *Jousse* [15].

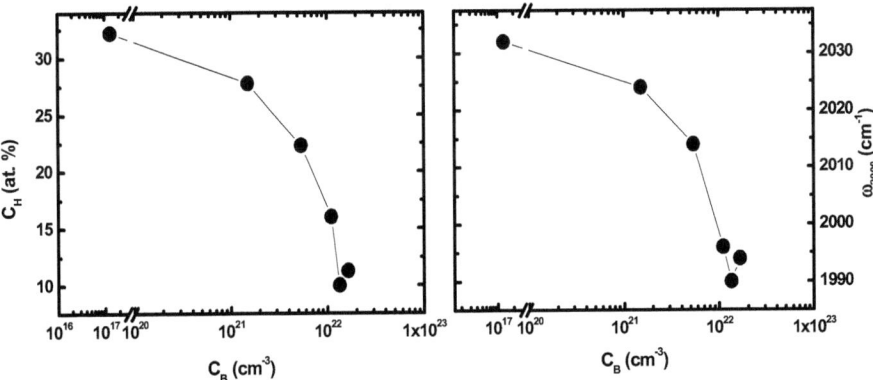

Figure D-5: *Taux total d'hydrogène lié C_H calculé dans la bande d'étirement (stretching) autour de 2000 cm^{-1}.*

Figure D-6: *Evolution de la position de la bande autour de 2000 cm^{-1} en fonction de la concentration de bore C_B.*

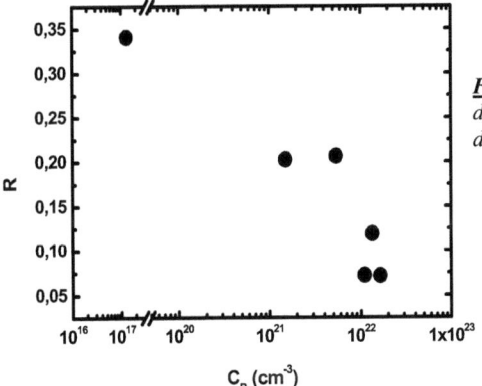

Figure D-7: *Variation du paramètre de la microstructure R en fonction de la concentration de bore C_B.*

III. 2. Propriétés optiques:

Par des mesures de transmission optique, dans la gamme $350-2500$ nm, nous avons procédé à la détermination des paramètres optiques suivants: le coefficient d'absorption "α", le gap optique "E_g" et l'indice de réfraction "n" et ce, à partir de traitement des spectres de transmission optique [83].

Les figures D-8 (a) et (b) représentent, respectivement, l'évolution du coefficient d'absorption α et $(\alpha . h\nu)^{1/2}$ en fonction de l'énergie de photons $h\nu$.

Nous remarquons que l'augmentation de la concentration de bore C_B provoque un déplacement du front d'absorption vers les basses énergies de photons avec une légère diminution de sa pente (voir figures D-8 (b)).

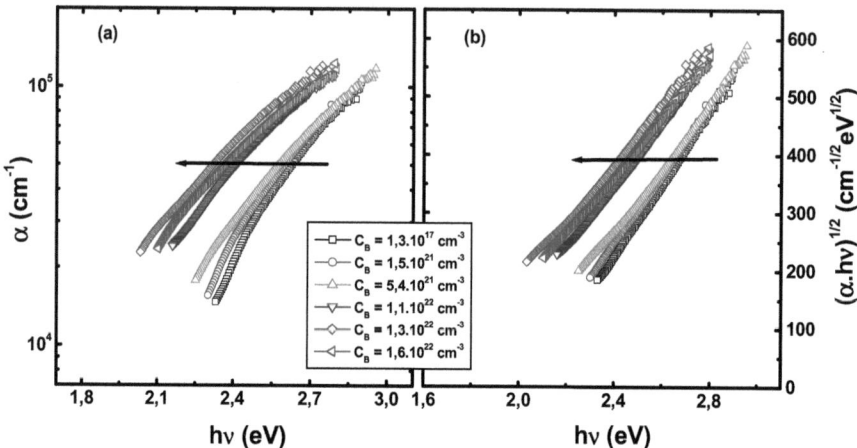

Figure D-8: *Coefficient d'absorption α et $(\alpha . h\nu)^{1/2}$ en fonction de $h\nu$, pour différentes concentrations de bore C_B.*

Le déplacement du front d'absorption et la variation de sa pente, sont liés à la variation du gap optique "E_g" et au facteur de Tauc "B_0", grandeurs obtenus à partir de la relation de Tauc (A-5) : $(\alpha . h\nu)^{1/2} = B_0 (h\nu - E_g)$ dans le domaines des fortes absorptions.

Les variations de ces deux paramètres optiques, en fonction de C_B, sont représentées sur la figure D-9. Nous remarquons qu'en dessous d'une concentration $C_B = 5,4.10^{21}\ cm^{-3}$, le gap optique E_g reste pratiquement constant autour de $2\ eV$. Mais au-delà de cette concentration, E_g chute et atteint une valeur $E_g = 1.67\ eV$.

D'autre part, le facteur B_0 diminue de $640\ (cm.eV)^{-1/2}$ à $525\ (cm.eV)^{-1/2}$. Cette diminution de B_0 est certainement due à l'augmentation du désordre structural dans la couche lors de l'incorporation du bore. En effet, de nombreuses études ont montré l'augmentation de défauts lors de l'incorporation de bore [19, 61, 62].

Quant à la diminution du gap, elle peut être due à deux phénomènes simultanément :
- À la réduction de la teneur en hydrogène dans les couches (figure D-5). Ce phénomène a été observé et étudié de façon systématique dans la littérature [64, 65] mais aussi dans notre laboratoire à travers des couches non dopées [78, 79, 95].
- Il peut aussi être dû à l'effet alliage B/Si [20, 53] : l'incorporation du bore en forte concentration dans la matrice de a-Si:H affecte l'environnement local des liaisons Si-Si. Ces modifications influent, donc, sur la position de chaque bord de bande, particulièrement le bord de la bande de valence, de façon à diminuer l'écart énergétique entre la bande de valence et la bande de conduction. Ce qui tend à diminuer le gap.

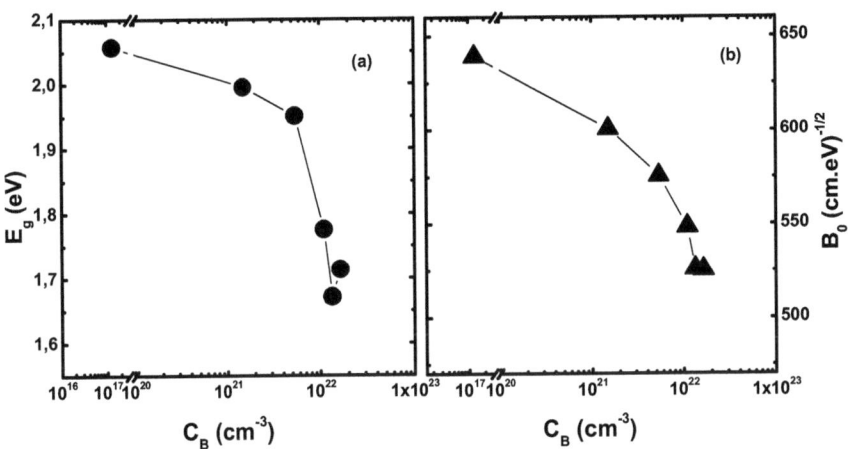

Figure D-9: *Variation du gap optique E_g et du facteur de Tauc B_0 en fonction de la concentration de bore C_B.*

Sur la figure D-10 nous avons représenté la variation du gap E_g en fonction de la teneur en hydrogène C_H estimée à partir des spectres d'absorption infrarouge. Nous remarquons clairement que la diminution de C_H de 32 $at.\%$ à 10 $at.\%$ est associée à un rétrécissement du gap de 2,05 eV à 1,67 eV.

Sur la figure D-11, nous avons représenté la variation de l'indice de réfraction statique "n_s" en fonction de la concentration de bore C_B. Nous remarquons que l'augmentation C_B de $1,3.10^{17}$ cm^{-3} à $5,4.10^{21}$ cm^{-3} provoque une faible variation de l'indice n_s dans la gamme 3 et 3,1. Au-delà de $C_B = 5,4.10^{21}$ cm^{-3}, n_s s'accroît de manière sensible jusqu'à la valeur 3,5. Cette augmentation de l'indice n_s est souvent corrélée à l'augmentation de la densité (compacité) du matériau [15, 20, 45, 65].

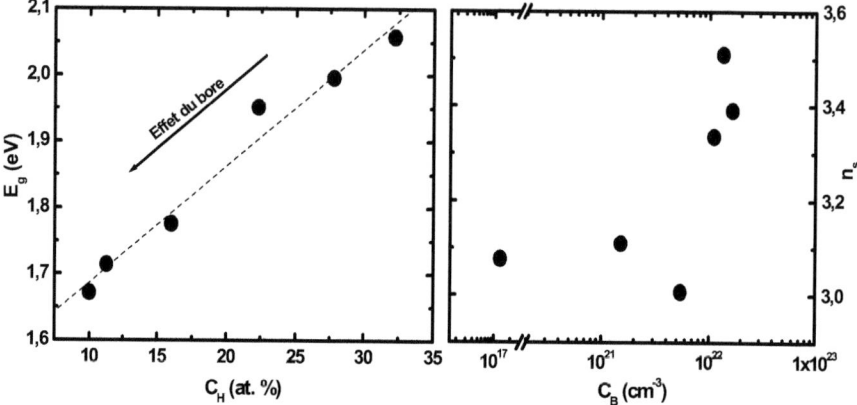

Figure D-10: Variation du gap optique E_g en fonction de la teneur en hydrogène lié C_H. La flèche indique l'effet du bore.

Figure D-11: Indice de réfraction statique n_s en fonction de la concentration de bore C_B.

III. 3. Propriétés électriques:

III. 3. 1. Conductivité électrique en fonction de la température:

Dans ce qui suit nous présentons les variations de la conductivité électrique sous obscurité "σ_{obs}" et de la photoconductivité "σ_{ph}" en fonction de la température dans la représentation d'*Arrhenius* : $Log(\sigma) = f(1000/T)$ pour différentes concentrations de bore (figure D-12). Nous constatons que, pour toutes les concentrations de bore C_B, la conductivité électrique $\sigma_{obs}(T)$ présente une variation linéaire dans la gamme de température de notre étude (au-dessus de l'ambiante). Cette linéarité peut s'expliquer par une conduction thermiquement activée dans les états étendus des bandes. Nous remarquons aussi que l'augmentation de C_B entraîne :

- Un accroissement notable de la conductivité électrique.
- Une dégradation de ses propriétés photoconductrices.

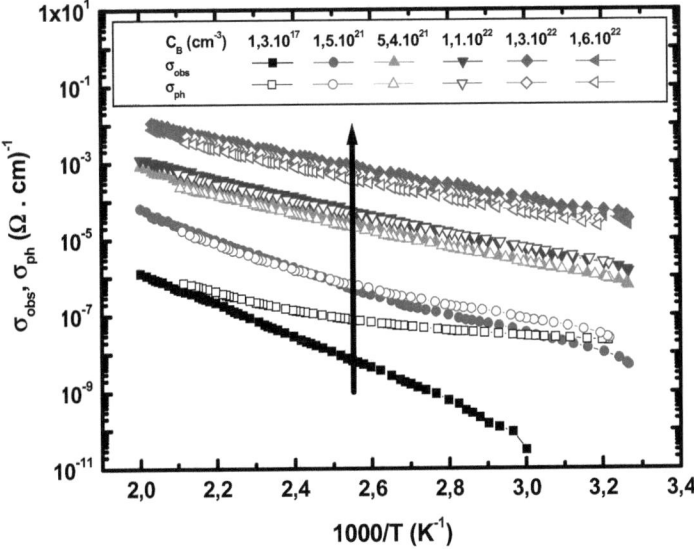

Figure D-12 : Evolution de la conductivité sous obscurité σ_{obs} et de la photoconductivité σ_{ph} en fonction de la température pour différentes valeurs de la concentration de bore C_B.

Les variations de la conductivité électrique σ_{obs}, mesurée à la température $T = 40\,°C$, et de son énergie d'activation thermique E_a en fonction de C_B sont représentées sur la figure D-13. Cette énergie d'activation est déterminée à partir de la pente de la courbe $Log(\sigma) = f(1000/T)$. Nous remarquons que l'incorporation croissante du bore dans le matériau provoque une augmentation importante de la conductivité σ_{obs}. Celle-ci est multipliée par un facteur 10^6 entre un échantillon contenant une concentration de bore minimale de $C_B = 1,3.10^{17}\,cm^{-3}$ et celui contenant une concentration maximale $C_B = 1,3.10^{22}\,cm^{-3}$. L'augmentation de σ_{obs} peut s'expliquer par la diminution de son énergie d'activation qui diminue de $0,8\,eV$ à $0,46\,eV$. C'est l'effet recherché : l'effet de dopage.

L'effet de l'incorporation de bore sur le facteur pré-exponentiel σ_0 (figure D-14) ne montre pas de tendance particulière.

L'incorporation de bore affecte également la photoconductivité σ_{ph} du matériau. En effet, le suivi de la variation du rapport $\sigma_{ph} / \sigma_{obs}$ (mesuré à $T = 40\,°C$) en fonction de C_B, représenté sur la figure D-15 nous a permis de constater clairement que l'introduction du bore dans les couches dégrade leurs propriétés photoconductrices. Le rapport $\sigma_{ph} / \sigma_{obs}$ chute brutalement d'un facteur 10^3 entre l'échantillon dopé à $C_B = 1,3.10^{17}\ cm^{-3}$ et l'autre dopé à $C_B = 1,6.10^{22}\ cm^{-3}$. La dégradation des propriétés photoconductrices avec l'introduction du bore est certainement due à l'augmentation des centres recombinants induits par le dopage [20].

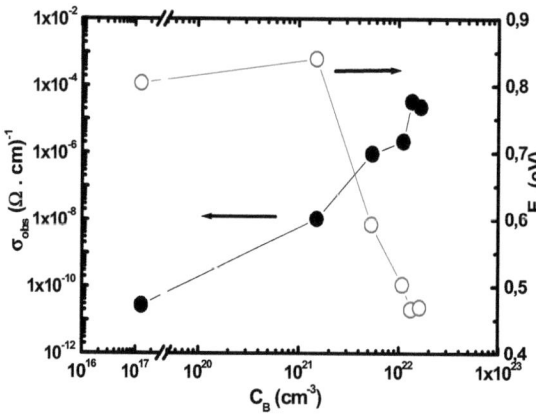

Figure D-13 : Variation de la conductivité électrique sous obscurité σ_{obs} (à $T = 40\,°C$) et de sa énergie d'activation thermique E_a en fonction de la concentration de bore C_B.

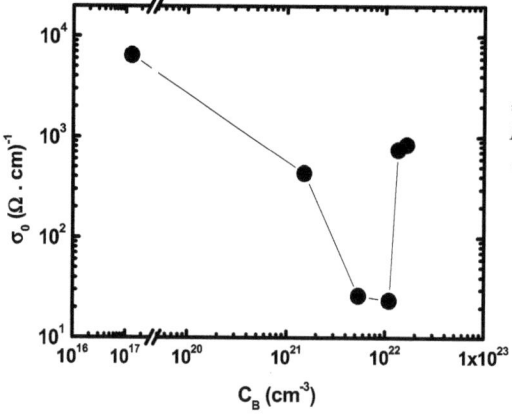

Figure D-14 : Variation du facteur pré-exponentiel σ_0 en fonction de la concentration de bore C_B.

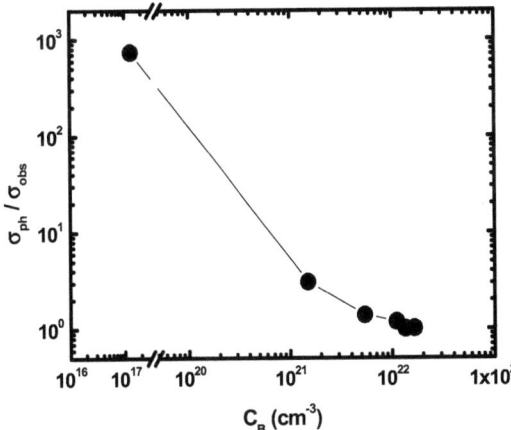

Figure D-15: Rapport de la photo-conductivité σ_{ph} à la conductivité sous obscurité σ_{obs}, à la température $T = 40\,°C$, en fonction de la concentration de bore C_B.

III. 3. 2. Effet de la température de recuit sur la conductivité électrique:

En vu de procéder à l'activation électrique du bore incorporé dans le matériau, nous avons effectué des recuits à différentes températures. Les mesures de la conductivité ont été faites après chaque recuit à la température $T = 40\,°C$ (voir figure C-6 (p.42)).

La figure D-16 montre la variation de la conductivité électrique sous obscurité σ_{obs}, mesurée à la température $T = 40\,°C$, en fonction de la température de recuit T_{recuit}.

Nous distinguons trois gamme de variation de σ_{obs} selon la température de recuit T_{recuit}:

- De 40 °C à 200 °C : la conductivité est constante.
- De 200 °C à 350 °C : la conductivité augmente.
- De 350 °C à 450 °C : la conductivité tend à saturer.

L'augmentation de la conductivité σ_{obs} dans la gamme de recuit $200°C - 350°C$, peut être expliqué par l'accroissement de l'efficacité de dopage à travers l'activation des atomes du bore [33, 41, 42], en dissociant les liaisons pontées Si-H---B [41].

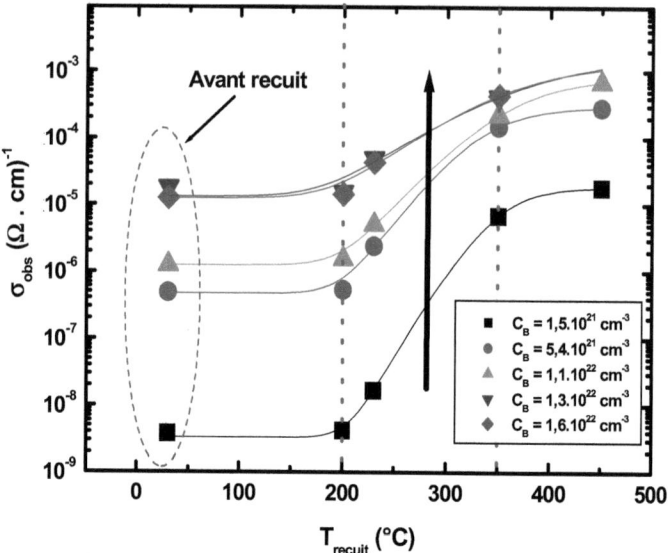

Figure D-16: *Evolution de la conductivité à la température $T = 40\,°C$ en fonction de la température de recuit à différents niveaux de dopage.*

III. 4. Conclusion:

Dans cette partie de ce chapitre, nous avons suivi l'effet de l'incorporation de bore sur les propriétés physico-chimiques, optiques et électriques du silicium amorphe hydrogéné (a-Si:H).

Les résultats de la spectroscopie infrarouge montrent que l'augmentation de la concentration de bore C_B provoque des changements importants dans les propriétés physico-chimiques du matériau, en diminuant la teneur en hydrogène lié C_H et en favorisant la prédominance des monohydrides par rapport aux dihydrides et polyhydrides.

L'effet du bore incorporé sur les propriétés optiques se manifeste par un déplacement du front d'absorption optique "α" vers les basses énergies de photons avec une légère diminution de sa pente, provoquant ainsi un rétrécissement remarquable du gap optique E_g. Ce comportement peut s'interpréter par deux effets : effet de la réduction de la teneur en hydrogène lié dans les couches et effet d'alliage B/Si.

La mesure de la conductivité électrique en fonction de la température a montré que l'accroissement de la concentration de bore C_B entraîne une augmentation de la conductivité électrique du matériau de 6 ordres de grandeur, avec une importante diminution de l'énergie d'activation de $0,4\,eV$ environ. L'augmentation de la conductivité est certainement due au déplacement du niveau de Fermi vers la bande de valence, due à l'activation de bore.

En outre, l'augmentation de la concentration de bore provoque une dégradation notable des propriétés photoconductrices du matériau. Elle est peut être due à la création des centres recombinants induits par le dopage.

Le suivi de la variation de la conductivité σ_{obs} en fonction de la température de recuit ($\leq 450°C$) a montré que l'activation des atomes du bore (responsable de l'augmentation de la conductivité) se fait à partir de $200°C$. Le phénomène d'activation du bore apparaît plus important dans les échantillons qui ont une faible teneur en bore. Ce résultat est peut-être lié au fait que les couches contenant une faible concentration de bore sont les plus hydrogénées. Ceci indique que l'activation du bore s'accompagne probablement d'une exodiffusion de l'hydrogène.

Les résultats obtenus dans cette étude - particulièrement ceux qui concernent l'effet du recuit sur la conductivité - nous ont incité à déposer une deuxième série d'échantillons avec une teneur en bore de l'ordre de $C_B = 1,5.10^{21}\ cm^{-3}$ dans laquelle nous avons fait varier la pression partielle d'hydrogène P_{H_2} de 0 à $9.10^{-5}\ mbar$.

Les autres conditions de dépôt utilisées sont données dans le tableau suivant :

Température de dépôt T_d (°C)	Concentration de bore C_B (cm^{-3})	Pression partielle d'argon P_{Ar} (mbar)	Puissance plasma W (watts)
260	$1,5.10^{21}$	10^{-4}	100

Tableau D-2 : *Conditions de dépôt retenues.*

IV. INFLUENCE DE LA PRESSION PARTIELLE DE L'HYDROGENE :

L'effet de l'augmentation de la pression partielle de l'hydrogène sur les différentes propriétés du matériau non dopé a été étudié autant dans notre laboratoire, que dans l'ensemble des laboratoires travaillant dans ce domaine. Cet effet se manifeste généralement par :

- l'augmentation de la teneur en hydrogène lié.
- l'élargissement du gap à travers la compensation des liaisons pendantes et la relaxation du matériau.
- la diminution de l'indice de réfraction statique, phénomène lié à une diminution de la compacité des couches.
- la diminution de l'énergie d'activation de la conductivité.

Dans cette partie nous avons étudié l'effet de la pression partielle d'hydrogène P_{H_2} sur les propriétés physico-chimiques, optiques et électriques du silicium amorphe hydrogéné (a-Si:H) dopé au bore.

IV. 1. Propriétés physico-chimiques:

Dans cette partie, nous présentons les spectres obtenus par la spectroscopie infrarouge pour différentes pressions d'hydrogène P_{H_2}. L'évolution de ces spectres en fonction de P_{H_2} est montrée sur la figure D-17.

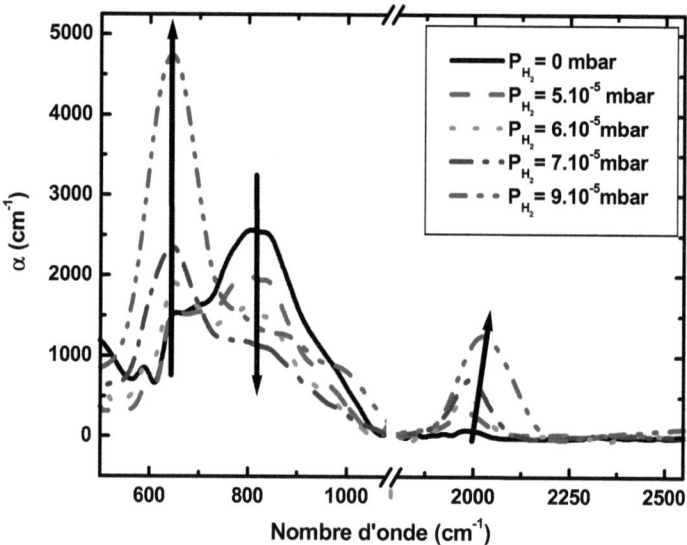

Figure D-17: *Evolution du spectre d'absorption infrarouge dans les régions 500 – 1200 cm^{-1} et 1800 – 2550 cm^{-1} en fonction de la pression d'hydrogène P_{H_2}.*

L'évolution de l'intensité du pic à 640 cm^{-1}, attribuée aux vibrations de toutes les liaisons Si-H en mode wagging, montre une nette augmentation avec l'accroissement de la pression P_{H_2}. Ceci confirme l'augmentation de la teneur en hydrogène lié dans le matériau.

La diminution de l'absorption dans la région 700 - 900 cm^{-1} (attribuée aux vibrations des liaisons Si-B et/ou B-B polarisées) avec la pression de l'hydrogène pourrait s'expliquer par la formation des liaisons pontées : B-H-B et/ou Si-H---B qui vibrent, généralement, entre 1800 cm^{-1} et 2000 cm^{-1} (voir tableau A-1 (p. 22)).

Quant à l'absorption autour de 2000 cm^{-1} (due aux vibrations des liaisons S-H, Si-H---B et/ou B-H-B en mode stretching), nous constatons clairement qu'elle augmente avec la pression de l'hydrogène P_{H_2} avec un faible déplacement de sa position observé particulièrement pour l'échantillon préparé à la plus haute pression $P_{H_2} = 9.10^{-5}$ mbar. Il est certainement dû à l'augmentation de l'absorption à 2100 cm^{-1} attribuée à la formation des unités SiH_2 et SiH_3.

L'estimation de la teneur en hydrogène lié C_H dans le matériau est faite à travers le calcul de l'intensité intégrée de la bande de 2000 cm^{-1}. Les résultats de ce calcul sont présentés sur la figure D-18. Nous remarquons que C_H augmente de manière considérable de 0 à 27,7 at.% quand la pression de l'hydrogène varie de 0 à 9.10^{-5} mbar, avec une accélération vers les hautes concentrations.

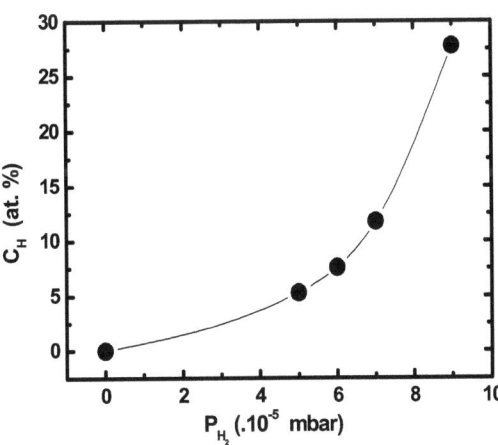

Figure D-18: *Variation de la teneur totale de l'hydrogène lié, calculée dans la bande stretching 2000 – 2100 cm^{-1}, en fonction de la pression d'hydrogène P_{H_2}.*

Les effets de l'augmentation de la teneur en hydrogène lié dans le matériau sur ses propriétés optiques et électriques sont présentées dans ce qui suit.

IV. 2. Propriétés optiques:

Le changement des propriétés optiques avec la pression partielle de l'hydrogène P_{H_2} a été suivi à travers les variations du coefficient d'absorption α et l'indice de réfraction statique n_s et ce, à partir du traitement des spectres de transmission optique.

La figure D-19 illustre l'évolution du coefficient d'absorption α et de $(\alpha.h\nu)^{\frac{1}{2}}$ en fonction de l'énergie de photons $h\nu$. Nous remarquons qu'il n'y a aucune évolution du front d'absorption en dessous de la pression $P_{H_2} = 5.10^{-5}$ mbar. Mais au-delà de cette pression, le front d'absorption se déplace vers les grandes énergies de photons. Ce déplacement se fait de façon quasi-parallèle.

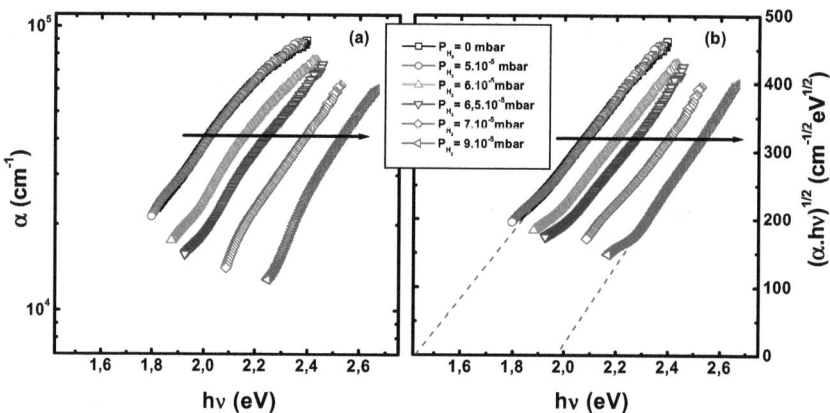

Figure D-19: *Coefficient d'absorption α et $(\alpha.h\nu)^{\frac{1}{2}}$ en fonction de $h\nu$ des échantillons déposés à différentes pression d'hydrogène P_{H_2}.*

L'augmentation de la pression d'hydrogène P_{H_2} de 5.10^{-5} mbar à 9.10^{-5} mbar provoque une augmentation notable du gap optique E_g de $1,45\,eV$ à $2\,eV$ (voir figure D-20). Toutes les études entreprises concernant l'effet de l'hydrogène sur le a-Si:H, dopé et non-dopé, indiquent cette même tendance [96-98].

Comme pour le a-Si:H non dopé cet élargissement du gap est lié à :
- la compensation des liaisons pendantes, en formant les liaisons Si-H [12, 99].

- la relaxation du matériau qui provoque un remaniement de la densité d'états au voisinage des bords de bande.

La figure D-21 représente la variation de l'indice de réfraction statique n_s en fonction de la pression partielle d'hydrogène P_{H_2}. Nous pouvons y voir une chute de l'indice de réfraction pour les fortes pressions d'hydrogène. Cette diminution de n_s est une propriété bien connue dans le cas du matériau dopé ou non dopé [96, 98] et est souvent corrélée à la diminution de la compacité du matériau [65].

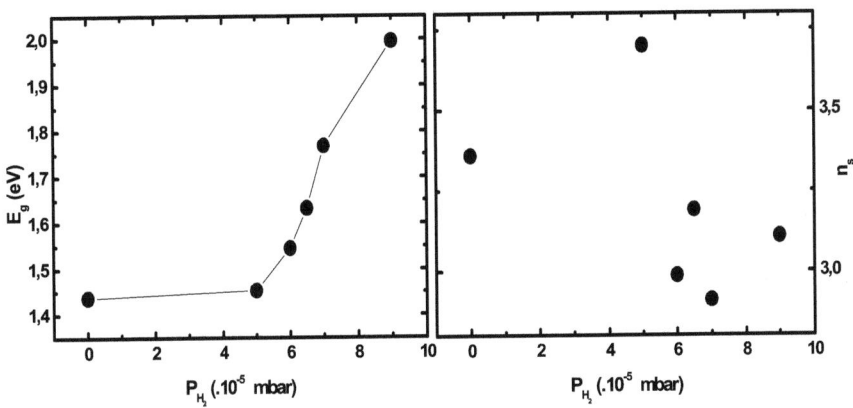

Figure D-20: Variation du gap optique E_g en fonction de la pression d'hydrogène P_{H_2}.

Figure D-21: Indice de réfraction statique n_s en fonction de la pression d'hydrogène P_{H_2}.

IV. 3. Propriétés électriques:

IV. 3. 1. Conductivité électrique en fonction de la température:

Dans la figure D-22 nous avons représenté la conductivité électrique sous obscurité "σ_{obs}" et la photoconductivité "σ_{ph}" en fonction de la température dans la représentation d'Arrhenius.

Nous remarquons que les caractéristiques $\sigma(T)$ suivent une variation linéaire. Ce comportement linéaire est attribué à une conduction électrique dans les états étendus. Nous remarquons aussi que la conductivité diminue avec la pression partielle d'hydrogène P_{H_2}, et qu'une légère sensibilité à la lumière apparaît pour les échantillons préparés à la plus haute pression $P_{H_2} = 9.10^{-5}$ mbar.

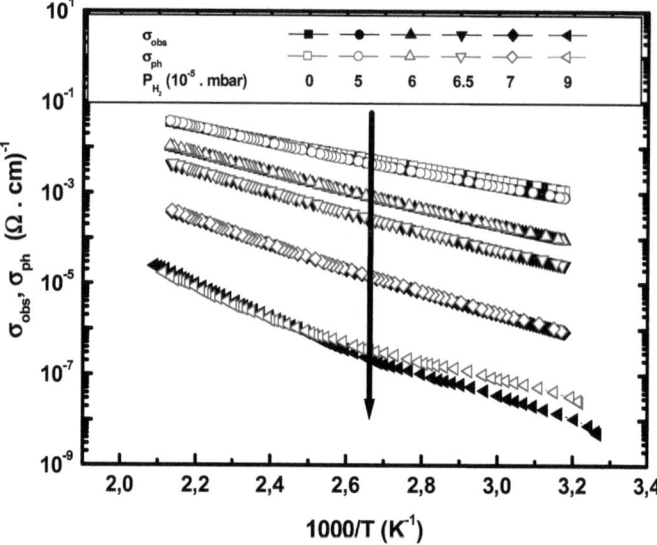

Figure D-22: *Evolution de la conductivité électrique sous obscurité* "σ_{obs}" *et de la photoconductivité* "σ_{ph}" *dans la représentation d'Arrhenius en fonction de la pression partielle d'hydrogène* P_{H_2}.

Les variations de la conductivité électrique sous obscurité "σ_{obs}", mesurée à la température $T = 40\,°C$, et de l'énergie d'activation associée "E_a" en fonction de P_{H_2} sont représentés sur la figure D-23. Nous pouvons constater que l'augmentation de la pression P_{H_2} de 0 à 5.10^{-5} *mbar* ne provoque aucune variation importante de la conductivité σ_{obs} qui reste pratiquement constante autour de $10^{-3}\,(\Omega.cm)^{-1}$. Mais au-delà de $P_{H_2} = 5.10^{-5}$ *mbar*, σ_{obs} chute et atteint une valeur minimale $\sigma_{obs} = 10^{-8}\,(\Omega.cm)^{-1}$ pour $P_{H_2} = 9.10^{-5}$ *mbar*.

La diminution de σ_{obs} est certainement due à l'augmentation de l'énergie d'activation E_a. En effet, nous pouvons voir que celle-ci croit de $0,35\,eV$ à $0,84\,eV$ quand la pression d'hydrogène P_{H_2} passe de 5.10^{-5} *mbar* à 9.10^{-5} *mbar*.

Rappelons que dans le matériau non dopé, cette tendance ($E_a = f(P_{H2})$) est inversée. L'énergie d'activation ne peut donc s'expliquer que par la présence de bore dans la couche. Elle est généralement interprétée par la passivation (ou neutralisation) des atomes de bore par l'hydrogène [100, 101].

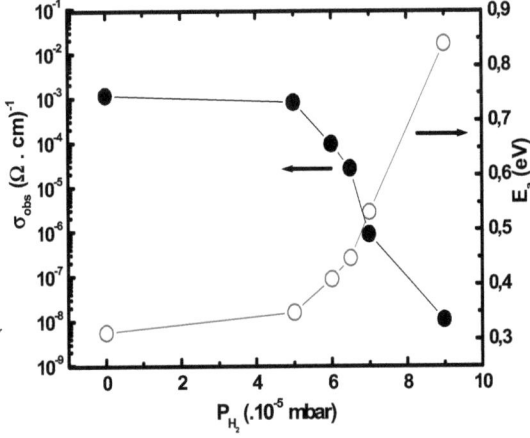

Figure D-23: Variation de la conductivité électrique sous obscurité σ_{obs} (à $T = 40\,°C$) et l'énergie d'activation thermique E_a en fonction de la pression d'hydrogène P_{H_2}.

IV. 3. 2. Effet de la température de recuit sur la conductivité électrique:

Afin de suivre l'effet de la température de recuit T_{recuit} sur l'évolution de la conductivité électrique σ_{obs}, les échantillons ont été chauffés à des températures de recuit supérieures à celle de dépôt et ce pendant 20 minutes.

L'évolution de la conductivité σ_{obs}, mesurée après chaque recuit à la température $T = 40\,°C$, en fonction de la température T_{recuit} pour différentes pressions d'hydrogène est présentée sur la figure D-24. Nous remarquons que l'effet du recuit se manifeste par une augmentation de la conductivité, pour tous les échantillons, dans la gamme $T_{recuit} = 200 - 350\,°C$. Elle est bien plus marquée aux fortes pressions d'hydrogène. En effet, pour les deux échantillons préparés aux pressions P_{H_2} nulle et $P_{H_2} = 5.10^{-5}$ mbar la conductivité reste autour de 10^{-3} $(\Omega.cm)^{-1}$ pour tous les recuits. Par contre, pour les hautes pressions son augmentation avec la température de recuit peut aller jusqu'à 3 ordres de grandeur.

Ces résultats sont en accord à ceux obtenus en fonction de la concentration de bore dans l'étude précédente (figure D-16 (a)). Ils confirment que l'augmentation de la conductivité se fait dans la gamme $200 - 350\,°C$ et que son ordre de grandeur croît quand la teneur en hydrogène croit (quand la teneur de bore décroît). Cette augmentation de σ_{obs} est certainement liée à l'activation des atomes du bore passivés par l'hydrogène, en dissociant les liaisons Si-H qui se trouvent près des atomes du bore [41, 100, 102].

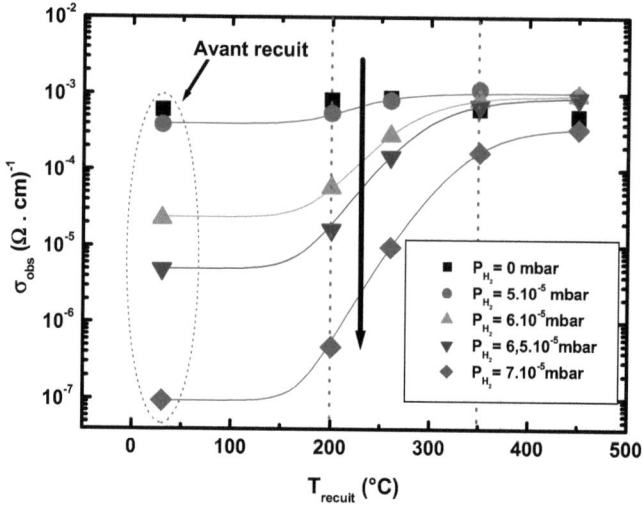

Figure D-24: *Effet de la température de recuit sur la conductivité électrique σ_{obs} mesurée à $T = 40\,°C$ pour différentes pression*

IV. 4. Conclusion:

Dans cette partie de travail, nous avons suivi l'évolution des propriétés physico-chimiques, optiques et électriques du silicium amorphe hydrogéné dopé au bore en fonction de la pression partielle de l'hydrogène P_{H_2} dans la gamme $0 - 9.10^{-5}\ mbar$.

Le suivi de changement des propriétés physicochimiques par l'absorption infrarouge a permis de montrer que l'accroissement de la pression d'hydrogène provoque une augmentation de l'absorption autour de la bande de 2000 cm^{-1} et de celle de 640 cm^{-1} attribuées, respectivement, aux vibrations des liaisons Si-H en mode d'étirement (stretching) et en mode de balancement (wagging). Cette évolution a été accompagnée d'une réduction remarquable de l'absorption dans la région 700-900 cm^{-1} attribuée aux vibrations des liaisons Si-B et / ou B-B en mode stretching.

Cette modification de la physicochimie du matériau s'accompagne de changement de ses propriétés optiques. En effet, l'augmentation de la pression d'hydrogène est responsable d'une augmentation notable du gap optique de $1,45\,eV$ à $2\,eV$. Cet effet d'hydrogène est typique aussi bien dans les couches dopées que non dopées. Nous avons aussi montré dans la gamme des pressions d'hydrogène étudiées une diminution importante de la conductivité électrique (de 5 ordres de grandeur). Cette chute de la conductivité est accompagnée d'une augmentation importante de l'énergie d'activation. Ce résultat a été interprété comme une passivation du bore par l'hydrogène. La sensibilité du matériau à la lumière n'apparaît que pour l'échantillon préparé à la plus haute pression $P_{H_2} = 9.10^{-5}\,mbar$.

Le suivi de l'effet du recuit sur la conductivité électrique a montré que les échantillons préparés aux faibles pressions 0 et $5.10^{-5}\,mbar$ sont les plus stables thermiquement. Leurs conductivités gardent pratiquement la même valeur (autour de 10^{-3} $(\Omega.cm)^{-1}$) dans toute la gamme de température de recuit allant de $200\,°C$ à $450\,°C$. Cette stabilité a tendance à disparaître avec l'augmentation de la pression d'hydrogène, ce qui nous a poussé à étudier l'effet du bore sur des matériaux faiblement hydrogénés.

V. CAS DU MATERIAU PEU HYDROGENE - EFFET DE L'INCORPORATION DU BORE:

Les résultats de la partie précédente ont montré l'inconvénient de l'incorporation de l'hydrogène en fortes concentrations sur la conductivité électrique, d'une part, et sur sa stabilité thermique, d'autre part. De ce fait, nous avons préparé une troisième série d'échantillon dans laquelle nous avons fait varier la concentration de bore incorporé pour une pression d'hydrogène minimale déterminée lors de l'étude précédente ($P_{H_2} = 5.10^{-5}\,mbar$). Cette pression nous a permis l'obtention d'un matériau dopé dont les propriétés sont :

- conductivité maximale (autour de 10^{-3} $(\Omega.cm)^{-1}$)
- bonne stabilité thermique.

Les conditions expérimentales du dépôt de cette série d'échantillons sont présentées dans le tableau suivant :

Température de dépôt T_d (°C)	Pression partielle d'hydrogène P_{H2} (mbar)	Pression partielle d'argon P_{Ar} (mbar)	Puissance plasma W (watts)
260	5.10^{-5}	10^{-4}	100

Tableau D-3 : *Conditions de dépôt retenues.*

La concentration du bore incorporé déterminée par la méthode SIMS est comprise entre $1,2.10^{20}\ cm^{-3}$ et $4,1.10^{21}\ cm^{-3}$.

V. 1. Spectres d'absorption infrarouge :

Quelques spectres d'absorption infrarouge obtenus sur les échantillons de cette série sont représentés sur la figure D-25. On y retrouve la bande de $640\ cm^{-1}$, la région d'absorption $700-900\ cm^{-1}$ et la bande de $2000\ cm^{-1}$ qui sont attribuées, respectivement, aux vibrations des liaisons Si-H en mode de balancement (wagging), vibrations des liaisons Si-B et/ou B-B et vibrations des liaisons Si-H en mode d'étirement (stretching).

L'évolution de ces bandes avec l'incorporation du bore est très faible comparée à celle observée sur les spectres des échantillons préparés à la pression $P_{H_2} = 9.10^{-5}\ mbar$ (voir figure D-4).

L'incorporation progressive de bore, de $1,2.10^{20}\ cm^{-3}$ à $4,1.10^{21}\ cm^{-3}$, dans le silicium amorphe peu hydrogéné ne provoque donc que de faibles modifications au niveau des liaisons Si-H (bande à $640\ cm^{-1}$ et à $2000\ cm^{-1}$). Nous pouvons aussi constater que la région d'absorption de $700-900\ cm^{-1}$, liée à la présence de bore, ne présente pas de tendance particulière et que sa variation dans le domaine des concentrations du bore étudiées reste faible.

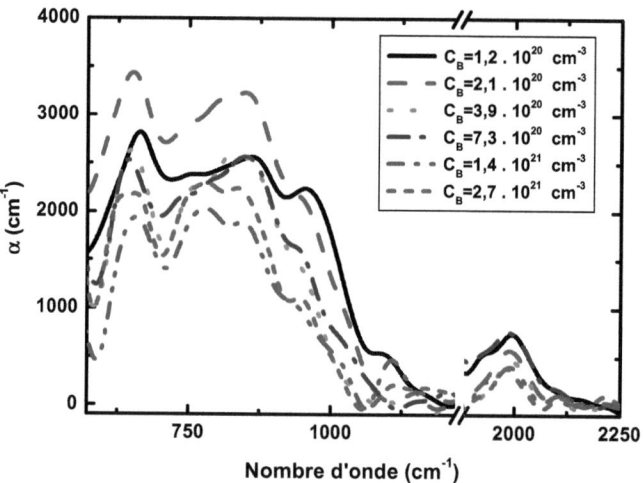

__Figure D-25__: Spectres de l'absorption infrarouge du silicium amorphe peu hydrogéné pour différentes concentrations de bore C_B.

V. 2. Propriétés optiques et électriques:

V. 2. 1. Absorption optique et indice de réfraction:

Nous représenterons dans ce paragraphe l'ensemble des résultats expérimentaux obtenus concernant l'évolution, en fonction de la concentration de bore C_B, du coefficient d'absorption "α" et de l'indice de réfraction statique "n_s" obtenus à partir des spectres de transmission optique.

L'évolution du coefficient d'absorption avec la concentration C_B dans la représentation α et $(\alpha.h\nu)^{1/2}$ est illustrée sur la figure D-26.

Il apparaît clairement que l'augmentation de C_B affecte le coefficient d'absorption de façon à :

- déplacer le front d'absorption vers les faibles énergies de photons.
- augmenter légèrement l'absorption aux faibles énergies de photons.

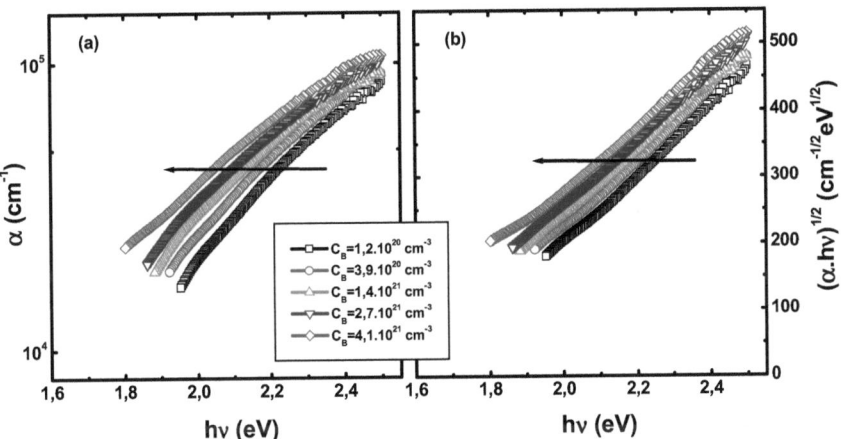

Figure D-26: Evolution du coefficient d'absorption α et de $(\alpha.h\nu)^{1/2}$ en fonction de l'énergie de photons $h\nu$ pour différentes concentration de bore C_B.

L'extrapolation de la droite de corrélation de la partie linéaire des caractéristiques $(\alpha h\nu)^{1/2} = f(h\nu)$ vers l'axe des énergies de photons $h\nu$, permet de voir que le gap E_g diminue régulièrement de $1,65\,eV$ à $1,44\,eV$ quand C_B augmente de $C_B = 1,2.10^{20}\,cm^{-3}$ à $C_B = 4,1.10^{21}\,cm^{-3}$ (figure D-27 (a)).

Cette variation du gap optique est certainement moins due à une diminution de da teneur en hydrogène lié (la concentration d'hydrogène étant faible) qu'à l'effet alliage B/Si. Cet effet se manifeste par l'affectation de chaque bord de bande par les défauts crées par l'incorporation de bore.

L'indice de réfraction statique n_s est également affecté par la concentration du bore incorporé C_B. La figure D-27 (b) montre une nette augmentation de l'indice n_s de 3,54 à 4,05 sous l'effet de l'accroissement de la concentration de bore, ce qui indique une augmentation de la compacité du matériau.

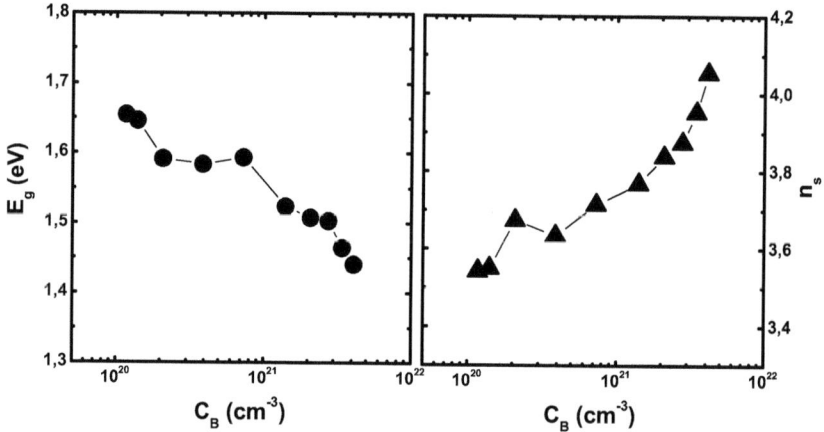

Figure D-27: *Variation du gap optique E_g (a) et de l'indice de réfraction statique n_s (b) en fonction de la concentration de bore C_B.*

V. 2. 2. Conductivité électrique:

- **Conductivité électrique en fonction de la température :**

Les résultats de mesure obtenus pour quelques échantillons de cette étude sont représentés sur la figure D-28. Nous remarquons que le comportement linéaire des caractéristiques $Log(\sigma) = f(1000/T)$ est pratiquement conservé dans toute la gamme de la température de mesure (au-delà de l'ambiante) et pour toutes les concentrations de bore incorporé C_B. La conduction électrique est donc thermiquement activée.

Nous pouvons aussi remarquer que l'augmentation de la concentration du bore provoque une augmentation remarquable de la conductivité électrique jusqu'à 8 décades à des températures proches de la température ambiante.

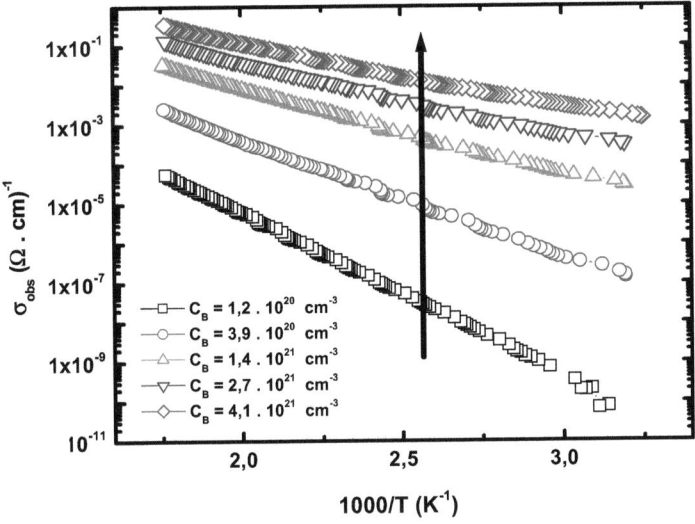

Figure D-28: Evolution de la conductivité électrique sous obscurité "σ_{obs}" dans la représentation d'Arrhenius pour différentes concentrations de bore C_B.

Sur la figure D-29 nous avons présenté la variation de la conductivité électrique sous obscurité "σ_{obs}", mesurée à la température $T = 40\,°C$, et la variation de son énergie d'activation thermique "E_a" en fonction de la concentration de bore C_B. Nous constatons que l'augmentation de C_B de $1,2.10^{20}\,cm^{-3}$ à $4,1.10^{21}\,cm^{-3}$ provoque un accroissement régulier et important de "σ_{obs}" de $1,8.10^{-11}\,(\Omega.cm)^{-1}$ à $1,1.10^{-3}\,(\Omega.cm)^{-1}$.

Cette augmentation est la conséquence de la diminution de l'énergie d'activation E_a. En effet, sur la même figure nous remarquons que E_a diminue de $0,8\,eV$ à $0,36\,eV$. Ce qui pourrait s'expliquer par un déplacement du niveau de Fermi E_F vers le bord de la bande de valence [45]. L'énergie d'activation étant définie comme l'écart énergétique entre le niveau de Fermi et la bande de valence ($E_a = E_F - E_V$) pour un matériau de type p.

Le suivi du déplacement de niveau de Fermi peut se faire par le calcul de l'écart énergétique $E_i - E_F = \dfrac{E_g}{2} - E_a$ [103], où E_i représente la position de niveau de Fermi au milieu du gap. La figure D-30 représente les résultats de calcul de l'écart $E_i - E_F$ trouvés pour nos échantillons. Il apparaît que l'accroissement de la concentration C_B de $1,2.10^{20}\ cm^{-3}$ à $4,1.10^{21}\ cm^{-3}$ augmente l'écart entre le niveau de Fermi et le milieu du gap, c'est le principe même du dopage. Comme le niveau de Fermi représente l'équilibre entre tous les états du matériau, et en particulier entre ceux introduits par le bore actif comme accepteur et les liaisons pendantes créées par cette incorporation du bore, son déplacement dans le gap indique que la densité des liaisons créées reste faible devant la concentration de dopant actif [20].

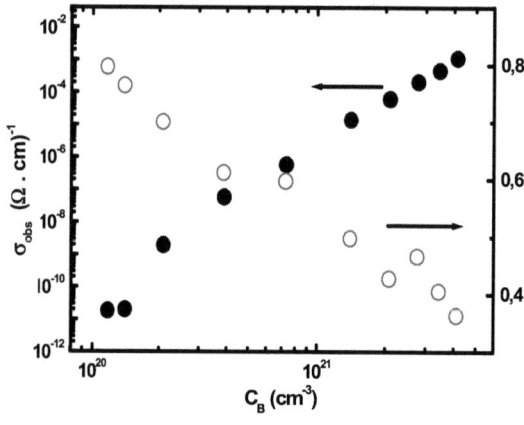

Figure D-29*: Variation de la conductivité électrique sous obscurité "σ_{obs}" à la température T = 40 °C, et de l'énergie d'activation "E_a" en fonction de la concentration de bore C_B.*

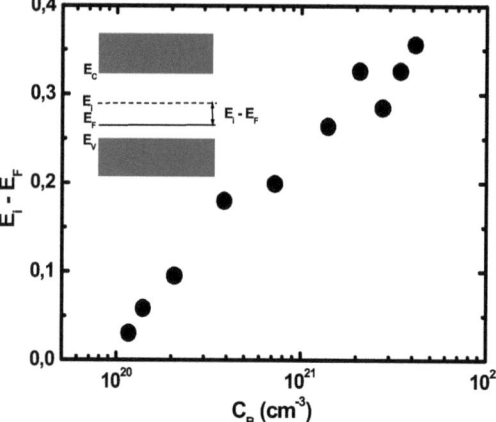

Figure D-30*: Variation de l'écart énergétique $E_i - E_F$ en fonction de la concentration de bore C_B.*

- **Effet du recuit :**

L'effet de la température de recuit sur la conductivité électrique sous obscurité, mesurée à $T = 40\,°C$, pour différentes valeurs de C_B est représenté sur la figure D-31.

Nous observons que l'augmentation de la conductivité σ_{obs} ne dépasse pas un ordre de grandeur, pour toutes les concentrations de et ce même après un recuit à la température $T_{recuit} = 450\,°C$.

Ces résultats montre l'avantage de la réduction de la pression d'hydrogène pour l'obtention d'un matériau dopé avec une stabilité thermique importante dans la gamme de température allant de l'ambiante à $450\,°C$.

En effet, la présence d'une grande quantité d'hydrogène est source d'instabilité (voir figures D-16 et D-24), sa limitation conduit à une diminution de l'effet d'exodiffusion en fonction de la température.

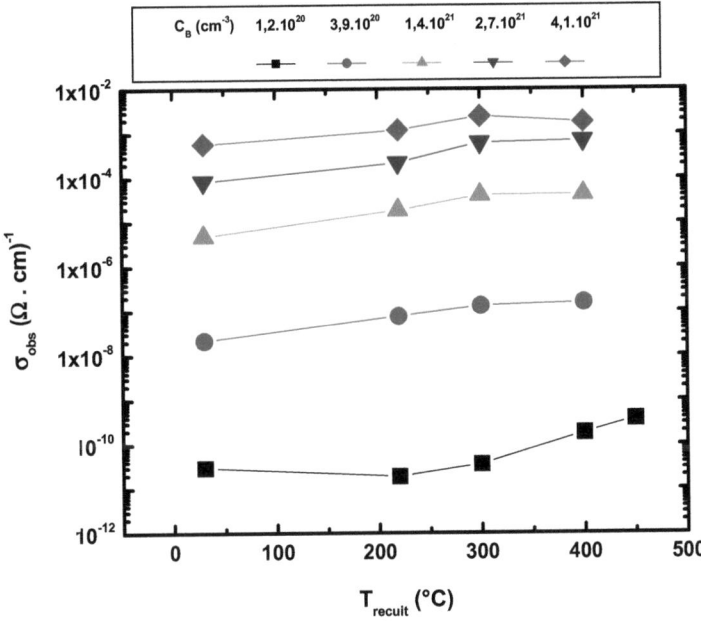

Figure D-31: Variation de la conductivité électrique sous obscurité "σ_{obs}" en fonction de la température de recuit "T_{recuit}" pour différentes concentrations de bore C_B.

V. 3. Conclusion:

Dans cette partie du travail, nous avons suivi l'évolution des propriétés physicochimiques, optiques et électriques du silicium amorphe peu hydrogéné en fonction de la concentration de bore incorporé.

Nous avons montré que l'incorporation du bore, à ces conditions de dépôt, n'entraîne pas des modifications importantes de l'absorption infrarouge – particulièrement de la bande d'absorption de 2000 cm^{-1}.

Quant aux propriétés optiques, nous avons pu voir un déplacement de front d'absorption optique vers les faibles énergies de photons. D'autre part, nous avons montré que le gap optique E_g diminue quand la concentration de bore augmente.

Les mesures de la conductivité électrique en fonction de la température ont montré que, pour tous les niveaux de dopage effectué, la conduction est activée thermiquement dans la gamme de la température de mesure (supérieure à l'ambiante). Le suivi de l'évolution de cette conductivité, mesurée à 40 °C, en fonction de C_B a montré qu'elle peut augmenter jusqu'à 8 ordres de grandeur. Cette augmentation est due à la diminution de l'énergie d'activation par le déplacement du niveau de Fermi vers le bord de bande de valence. En outre, le matériau de cette partie a montré une stabilité thermique remarquable dans la gamme de température de recuit allant de l'ambiante à 450 °C.

Chapitre E

RECAPITULATIF

RECAPITULATIF

I. INTRODUCTION:

Ce travail porte sur l'étude des propriétés physicochimiques, optiques et électriques de silicium amorphe hydrogéné (a-Si:H) dopé au bore et déposé en couches minces par "pulvérisation DC magnétron". Nous nous sommes intéressés aux effets combinés de l'incorporation de bore et de la pression partielle d'hydrogène, et ce afin d'optimiser les propriétés de notre matériau dopé selon ces deux paramètres de dépôt.

II. CONDITIONS DE DEPOT ET PRESENTATION DES RESULTATS:

Chronologiquement, les échantillons étudiés dans le cadre de ce travail ont été classés selon trois séries. Les conditions de dépôt utilisées pour ces trois séries sont données dans le tableau suivant :

	Concentration de bore C_B (cm^{-1})	Température de dépôt T_d (°C)	Pression partielle d'hydrogène P_{H2} (mbar)	Pression partielle d'argon P_{Ar} (mbar)	Puissance plasma W (watts)
Série 1	Entre $1,3 . 10^{17}$ et $1,6 . 10^{22}$	260	$9 . 10^{-5}$	10^{-4}	100
Série 2	$1,5 . 10^{21}$	260	Entre 0 et $9 . 10^{-5}$	10^{-4}	100
Série 3	Entre $1,2 . 10^{20}$ et $4,1 . 10^{21}$	260	$5 . 10^{-5}$	10^{-4}	100

__Tableau E-1__ : Conditions de dépôt des échantillons des trois séries.

Le choix des conditions préliminaires (de la première série) est fait à partir d'une étude réalisée dans notre laboratoire sur le matériau non dopé. Ces conditions nous permettent de déposer des couches avec une vitesse de l'ordre de $7\,°A/sec$. Les épaisseurs des couches ont été fixées autour de $0,4\,\mu m$. Ces conditions nous permettent aussi le dépôt du matériau dans un plasma stabilité en évitant la création d'arcs électriques qui peuvent endommager le système.

L'augmentation du nombre de brins de bore à pulvériser nous a permis de balayer des concentrations de bore incorporé C_B de $1,3.10^{17}\,cm^{-3}$ à $1,6.10^{22}\,cm^{-3}$. Cet accroissement a provoqué une augmentation de la conductivité électrique "σ_{obs}" (mesurée à la température $T=40\,°C$) de 6 ordres de grandeur. Sa valeur maximale a atteint $5.10^{-5}\,(\Omega.cm)^{-1}$ avec une énergie d'activation $E_a = 0,45\,eV$.

En outre, l'effet du recuit sur σ_{obs} a montré que l'augmentation de σ_{obs} dépend fortement de la concentration de bore et donc indirectement de la teneur en hydrogène lié.

L'ensemble de ces résultats, particulièrement le résultat qui concerne l'effet du recuit, nous a poussé à déposer une deuxième série d'échantillons dans le but de suivre l'effet de la liaison de l'hydrogène dans un matériau dopé au bore. De ce fait, nous avons fait varier la pression partielle de l'hydrogène "P_{H_2}" pour une concentration de bore fixée. Les conditions expérimentales utilisées pour cette deuxième série sont données dans le tableau E-1.

L'ensemble des résultats obtenus sur ces échantillons a montré que la conductivité électrique chute brutalement à partir de la pression $P_{H_2} = 5.10^{-5}\,mbar$. Tandis que l'énergie d'activation E_a augmente de façon remarquable.

Les résultats obtenus sur l'effet de recuit ont confirmé ceux obtenus pour la série précédente : la réduction de la teneur en hydrogène dans le matériau (due à la diminution de la pression P_{H_2}) augmente la stabilité de la conductivité électrique. En effet, les échantillons préparés en dessous de la pression $P_{H_2} = 5.10^{-5}\,mbar$ ont montré une conductivité électrique plus élevée et une stabilité thermique plus grande.

De ces résultats, nous avons déposé une troisième série d'échantillons dans laquelle nous avons fixé la pression partielle d'hydrogène à la plus faible valeur $5.10^{-5}\,mbar$. Et comme dans la première série, nous avons étudié l'effet de la concentration de bore. Les conditions de dépôt retenues pour cette série sont illustrées dans le tableau E-1.

En utilisant ces conditions de dépôt, le matériau obtenu présente de bonnes propriétés électriques. En effet, la conductivité électrique sous obscurité σ_{obs} a atteint une valeur maximale autour de 10^{-3} $(\Omega.cm)^{-1}$ avec une énergie d'activation thermique associée $E_a = 0,36\ eV$. Ces résultats sont comparables à ceux trouvés par l'ensemble des chercheurs travaillant sur le dopage au bore de a-Si:H [15, 70, 104-106].

En outre, la conductivité électrique du matériau élaboré sous ces conditions a montré une stabilité thermique remarquable dans toute la gamme de la température de recuit $T_{recuit} = 40 - 450\ °C$.

III. EFFETS DU BORE INCORPORE:

Les effets de l'augmentation de la concentration de bore C_B sur l'évolution des différentes caractéristiques du matériau sont les suivants :
- diminution de la teneur en hydrogène lié dans matériau (Figure D-5, page 56).
- diminution du gap optique (Figure D-9, page 58).
- augmentation de l'indice de réfraction (Figure D-11, page 59).
- augmentation de la conductivité électrique avec diminution de l'énergie d'activation (Figure D-13, page 61).

IV. EFFETS DE LA PRESSION PARTIELLE D'HYDROGENE:

La pression partielle d'hydrogène a des effets totalement inverses de ceux dus à l'incorporation de bore. Ils se manifestent par :
- L'augmentation de la teneur en hydrogène lié (Figure D-18, page 66).
- L'augmentation du gap optique (Figure D-20, page 68).
- La diminution de l'indice de réfraction (Figure D-21, page 68).
- La diminution de la conductivité électrique avec l'augmentation de l'énergie d'activation (Figure D-23, page 70).

V. DISCUSSION:

La discussion de l'ensemble des résultats obtenus est résumée dans cette partie.

Le suivi de l'évolution des spectres d'absorption infrarouge en fonction de la concentration de bore incorporé (figure D-4) a montré que les atomes du bore provoquent des modifications importantes sur les propriétés physicochimiques du matériau. Ces modifications ont été observées, particulièrement, à travers la diminution de l'aire de la bande de $2000 \, cm^{-1}$, d'une part (figure D-5), et le déplacement de sa position vers les bas nombres d'ondes, d'autre part (figure D-6).

De plus, les atomes du bore incorporé affectent les propriétés optiques du matériau. En effet, l'augmentation progressive de sa concentration a montré qu'elle provoque un rétrécissement notable du gap E_g (figure D-9 (a)) accompagné par une diminution du facteur de Tauc B_0 (figure D-9 (b)). La diminution de ces deux paramètres est la conséquence de l'effet d'alliage B/Si [20, 53] et de la réduction de la teneur en hydrogène lié dans le matériau [64, 65] à travers l'augmentant le désordre structurel [19, 61, 62].

L'étude des changements des propriétés électriques avec la concentration de bore incorporé a été faite par le suivi de la variation de la conductivité électrique en fonction de la température. Elle a montré que le comportement linéaire des caractéristiques $\sigma(T)$ dans la représentation d'*Arrhenius*, est conservé pour toutes les concentrations C_B des dopages de notre étude et dans toute la gamme de la température de mesure. D'autre part, cette étude a montré aussi que le bore entraîne une augmentation importante de la conductivité électrique σ_{obs} en diminuant son énergie d'activation thermique E_a, qui est la conséquence de déplacement du niveau de Fermi vers le bord de bande de valence [15, 20] (voir figure D-30).

En outre, l'augmentation de la concentration de bore dans le matériau dégrade ses propriétés photoconductrices (figure D-15), ce qui peut être interprété par la création des défauts électriquement actifs [20]. Ces défauts jouent le rôle des centres de piégeage pour les porteurs libres générés par la lumière.

L'effet de la température de recuit (allant de $40°C$ à $450°C$) sur la conductivité électrique σ_{obs} a été aussi étudié. Cet effet se trouve fortement dépendant de la teneur en hydrogène lié. En effet, il apparaît clairement que dans les échantillons contenant des fortes teneurs en hydrogène la conductivité σ_{obs} est très sensible à la température de recuit, particulièrement dans la gamme $200° - 350 \, C$ (figure D-16 et D-24). Cette sensibilité de σ_{obs} est certainement due à l'activation des atomes de bore passivés par l'hydrogène à travers la dissociation des liaisons pontées de type Si-H---B [33, 41].

CONCLUSION GENERALE

Conclusion générale

Dans ce travail qui se veut une contribution à l'étude du dopage au bore de silicium amorphe hydrogéné (a-Si:H), nous nous sommes proposés d'étudier, essentiellement, les effets combinés de l'incorporation du bore et de l'hydrogène sur les propriétés du a-Si:H. Le matériau est déposé en couches minces par la technique de "*pulvérisation DC assistée d'un magnétron*". La cible à pulvériser est un bloc de silicium cristallin de très haute pureté. La pulvérisation se fait par un plasma d'un mélange de gaz d'argon et d'hydrogène. L'introduction du bore dans le matériau est effectuée *in-situ* par le placement des brins de bore sur la cible de silicium. C'est le dopage par co-pulvérisation. Son avantage majeur réside dans sa sécurité et sa simplicité de mise en œuvre. Ce qui n'est pas le cas des méthodes utilisant les gaz porteurs de dopant (diborane B_2H_6, phosphine PH_3, arsine AsH_3,...), qui sont des gaz toxiques et explosifs et qui demandent des installations particulières et de grande sécurité.

Plusieurs techniques de caractérisation ont été mises en œuvre pour l'étude de notre matériau. La micro-analyse SIMS a confirmé l'incorporation du bore et a estimé sa concentration dans le matériau. La spectroscopie infrarouge a été utilisée pour explorer les différents types de liaisons actives en infrarouge (particulièrement celles entre le silicium et l'hydrogène), d'une part, et pour évaluer la teneur en hydrogène lié, d'autre part. L'étude des propriétés optiques a été faite par la mesure de la transmission optique ; elle nous a permis d'accéder à des caractéristiques importantes du matériau comme le coefficient d'absorption et l'indice de réfraction statique. Les mesures électriques ont permis le calcul de la conductivité sous obscurité et de la photoconductivité du matériau, ainsi que le suivi de l'effet de recuit sur la conductivité.

A la lumière des résultats obtenus par l'utilisation de ces techniques de caractérisation, nous avons pu voir que l'augmentation de la concentration du bore incorporé dans le matériau (a-Si:H) provoque des changements importants de ses propriétés à travers l'augmentation de désordre structural, qui est dû principalement à l'effet d'alliage B/Si et à la diminution de la teneur en hydrogène lié. Ce qui a été confirmé par le rétrécissement du gap optique.

Mise à part l'aspect structural, l'incorporation progressive du bore dans le matériau améliore sa qualité électrique en augmentant la conductivité de plusieurs ordres de grandeur. Cette amélioration est la conséquence de la formation des atomes du bore actif pendant le dépôt du matériau.

L'activation du bore, donc l'augmentation de la conductivité, peut s'effectuer après la préparation du matériau par le recuit thermique. Ce qui a été montré par le suivi de l'évolution de la conductivité avec la température de recuit dans la gamme 200 °C - 450 °C. En effet, nous avons pu voir que l'activation du bore peut avoir lieu pour des températures de recuit comprises entre 200 °C et 350 °C, et ce à travers la dissociation des liaisons pontées Si-H---B. L'hydrogène a donc montré un rôle négatif vis-à-vis du "dopage" nécessitant donc un recuit à des températures supérieures à 350 °C pour retrouver l'activation du bore.

Une étude plus poussée consistant par exemple à déterminer le profil de densité d'état dans le gap du matériau devrait nous permettre de voir jusqu'à quel point peut-on diminuer la concentration d'hydrogène dans la couche et augmenter la concentration de bore sans dégrader le matériau.

L'intérêt du dopage étant la perspective de la fabrication de dispositifs, il serait intéressant d'optimiser les paramètres de dépôt en vu de l'obtention d'un matériau photoconducteurs, ceci nous ouvrirait la voie de la conversion photovoltaïque.

Enfin, les résultats de dopage au bore du a-Si:H rapportés dans ce travail, se trouvent en accord avec ceux publiés par l'ensemble des laboratoires travaillant dans ce domaine et qui utilise d'autres techniques de dépôt et d'autres procédures de dopage. L'originalité de notre travail a été essentiellement de pouvoir les reproduire avec des moyens beaucoup plus réduits et moins dangereux dans notre laboratoire.

ANNEXE

ANNEXE

Annexe

Dispositif expérimental de la micro-sonde SIMS

La figure ci-dessous est une vue schématique simplifiée de la microsonde ionique *CAMECA IMS 4FE7* utilisée dans notre étude et qui est disponible à l'UDTS [*].

Avant que le faisceau primaire, extrait de la source, n'atteigne l'échantillon avec un angle d'incidence de l'ordre de 32°, quatre lentilles électrostatiques (4) déterminent et focalisent l'intensité du faisceau primaire sur l'échantillon (6). Les ions secondaires résultant de la pulvérisation de la surface de l'échantillon sont accélérés et focalisés par un système d'optique de transfert (8), sur la fonte d'entrée (9) du secteur électrostatique (10). Ce dernier est primordial car il va effectuer un filtrage en énergie au moyen d'une fonte en énergie (11) à la sortie du secteur. La lentille spectromètre (12) refocalise les ions sur le secteur électromagnétique (13) pour une séparation en masse.

Deux modes de fonctionnement sont possibles avec cet appareil ; le mode image et le mode profil. En mode profil, les ions sélectionnés à la sortie du secteur électrostatique (13) sont déviés par le biais d'un deuxième secteur électromagnétique (17) qui les amène sur une cage de Faraday (21) doublée d'un multiplicateur d'électrons (22). Les mesures se font en mode comptage (nombres de coups par secondes).

Si le dernier secteur électromagnétique est désactivé (mode image), le faisceau ionique secondaire ne sera pas dévié vers les appareillages de mesures. Les ions vont arriver sur un écran fluorescent (19) qui donnera une cartographie de l'élément.

---

[*] : <u>U</u>nité de <u>D</u>éveloppement de la <u>T</u>echnologie du <u>S</u>ilicium.

ANNEXE

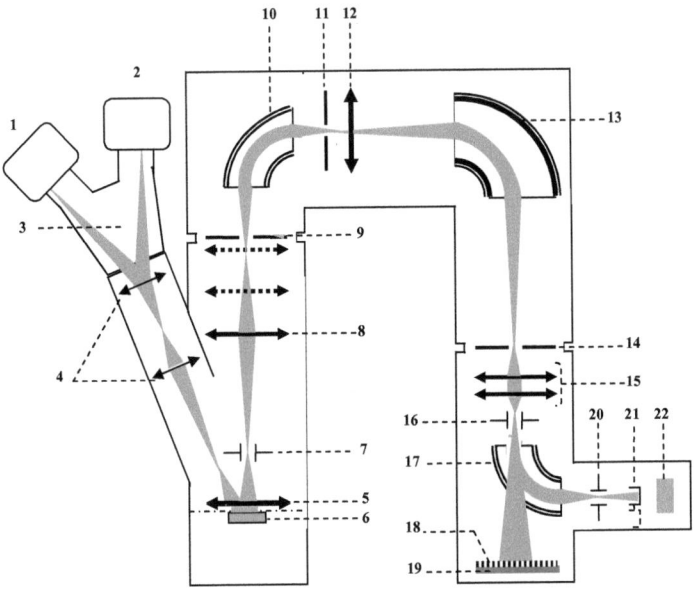

1. *Source au Césium.*
2. *Duoplasmatron.*
   (Source en Oxygène).
3. *Filtre en masse du faisceau primaire.*
4. *Lentilles électrostatiques.*
5. *Lentille à immersion.*
6. *Echantillon.*
7. *Système de transfert dynamique.*
8. *Système d'optique de transfert.*
9. *Fente d'entrée.*
10. *Secteur électrostatique.*
11. *Fente en énergie.*
12. *Lentille spectromètre.*
13. *Secteur magnétique.*
14. *Fente de sortie.*
15. *Lentille de projection..*
16. *Déflecteur.*
17. *Secteur électrostatique.*
18. *Galette de micro-canaux.*
19. *Ecran fluorescent.*
20. *Déflecteur.*
21. *Cage de Faraday.*
22. *Multiplicateur d'électrons.*

Schéma de fonctionnement d'une sonde ionique CAMECA IMS 4f.

REFERENCES BIBLIOGRAPHIQUES

Références bibliographiques

[1] S. C. Moss and J. F. Graczik, Proc. 10th Int. Conf. Phys. Semicond. (Cambridge,1970) p.658
[2] M. H. Brodsky, R. S. Title, K. Weiser et G. D. Petit, Phys. Rev. B1 (1971) 2632
[3] D. Kaplan, D. Lepine, Y. Petroff et P. Thierry, Phys. Rev. Lett. 35 (1975) 1376
[4] R. C. Chittik, J. H. Alexander, H. E. Sterling, The preparation and properties of amorphous silicon, J. Electrochem. Soc., Vol. 116, 77-81 (1969)
[5] T. D. Mostakas, J. Electron. Mater. 8 (1979) 391
[6] M.H. Brodsky, Thin Solid Films 40, L23 (1977)
[7] N. F. Mott, Phil. Mag, 19 (1969) 835
[8] N. F. Mott and E. A. Davis, Phil. Mag., 22 (1970) 903
[9] W. B. Jackson and N. M. Amer, Phys. Rev. B25, 5559 (1982)
[10] M. Daouahi, K. Zellama, H. Bouchriha and P. Elkaïm, Eur. Phys. J. AP10, 185-191 (2000)
[11] M. Daouahi et al., Solid State Communications 120 (2001) 243-248
[12] M. H. Brodski. M. Cardona and J. J. Cuomo, Phys. Rev. B. 16, (1977) 3556
[13] C. Manfredotti, F. Fizzotti, M. Boero, P. Pastorino, P. Polesello, E. Vittone, Phys. Rev. B50 (1994) 18046-18047
[14] A. A. Langford, M. L. Fleet, B. P. Nelson, W. A.Lanford, N. Maley, Phys. Rev. B45 (1992) 13367
[15] D. Jousse, Thèse de doctorat, Université Scientifique Technologique et Médicale de Grenoble (1986)
[16] H. Shanks, C. J. Fang, L. Ley, M. Cardona, F. J. Demond and S. Kalbitzer, Phy. Stat. Sol. (b) 100, 43 (1980)
[17] M. Bensouda, Thèse de doctorat, Université Joseph Fourier, Grenoble (1989)
[18] E. Bustarret, M. Bensouda, M. C. Habrard, J. C. Bruyère, S. Poulin, S. C. Gujrathi, Phys. Rev. B 38 (12) (1988) 8171
[19] Y. H. Wang et al., Materials Science and Engineering B104 (2003) 80-87
[20] F. Vaillant, Thèse de doctorat, Université scientifique, technique et médicale de Grenoble (1987)
[21] J. Tauc, J. Amorphous & liquid S. C, J. Tauc Ed. p. 175 (1974)
[22] W. B. Jackson, N. M. Johnson and D. K. Biegelsen, App. Phys. Letters 43 (1983), no. 2, p. 195-197
[23] C. B. Roxlo, B. Abeles, C. R. Wronski, G. D. Cody et T. Tiedje, Solid State Comm. 47, 985 (1983)

REFERENCES BIBLIOGRAPHIQUES

[24] T. Tiedje, J. M. Cebulka, D. L. More land B. Abeles, Phys. Rev. Lett., 46, 1425 (1981)

[25] H. G. Grimmeiss et L. A. Ledebo, Journal of App. Phys. 46 (1975), no. 5, p.2155-2162

[26] A. C. Boccara, D.Fournier, J.Badoz, App. Phys.Letters 36 (1980), no. 2, p.130-132

[27] R. Kubo, Can. J. Phys. 34, 1274 (1956)

[28] M. Aoucher, Thèse de magister, USTHB, Alger (1984)

[29] N. F. Mott, adv. Phy. 16, 49 (1967)

[30] W. E. Spear et al., Solid State Commun. Vol. 37, pp 1193 (1975)

[31] W. Paul, A. J. Lewis, G. A. N. Connell and T. D. Moustakas, Solide State Commun., 20, 969 (1976)

[32] R. A. Street, Phys. Rev. Lett., 49, 1187 (1982)

[33] J. K. Rath, R. E. I. Schropp, Solar Energy Materials and Solar Cells 53 (1998) 189-203

[34] G. Srinivasan, A. S. Nigavekar, Materials Science and Engineering, B8 (1991) 23-37

[35] Peter A. Fedders, D. A. Drebold, Journal of Non-Crystalline Solids 227-230 (1998) 376-379

[36] M. Stutzmann, D. K. Biegelsen and R. A. Street, Phys. Rev. B, Vol. 35, Num. 11 (1987)

[37] J. Magarino, D. Kaplan, A. Friederich and A. Deneuville, Phil. Mag. B 45, 285 (1982)

[38] J. I. Pancove, D. J. Zanzucchi, C. W. Magee and G. Lucovsky, Appl. Phys. Lett., 46, 421 (1985)

[39] N. M. Johnson, Phys. Rev. B31, 5525 (1985)

[40] T. Zundel, J. Weber, Phys. Rev. B39 (1989) 13549

[41] T. Matsul et al., Journal of Non-Crystalline Solids 338-340 (2004) 646-650

[42] M. Kondo et al., Journal of Non-Crystalline Solids 299-302 (2002) 108-112

[43] J. C. Knights, D. K. Biegelsen, I. Solomon, Solid State Commun. 22, 133 (1977)

[44] A. Friedrich, D. Kaplan, J. Electron. Mater. 8, 79 (1979)

[45] D. Jousse, E. Bustarret, A. Deneuville et J. P. Stoquert, Phys. Rev. B, Vol. 34, Num. 10, 7031-7044 (1986)

[46] B. Von Roedern, L. Ley, M. Cardona, F. W. Smith, Phil. Mag. B40, 433 (1979)

[47] W. B. Jackson, S. –J. Oh, C. Tsai, J. W. Allen, in Optical Effects in amorphous Semiconductors (AIP Conf. Proc. No. 120), edited by P. C. Taylor and S. G. Bishop (AIP, New York, 1984), p. 34

[48] J. Robertson, Phys. Rev. B28, 4643 (1983) ; 28, 4658 (1983) ; 28, 4666 (1983)

[49] D. V. Lang, J. D. Cohen, J. P. Harbison, Phys. Rev. B 25, 5285 (1982)

[50] W. C. Price, J. Chem, Phys. 16, 894 (1948)

[51] I. Freund and R. Halford, J. Chem, Phys. 43, 2795 (1965)

[52] N. A. Blum, C. Feldman and F. G. Satkiewicz, Phys. Stat. Sol. (a) 41, 481 (1977)

[53] C. C. Tsai, Phys. Rev. B19, 2041 (1979)

[54] S. C. Shen, M. Cardona, Phys. Rev. B23, 5322 (1981)

[55] S. N. Sharma, Debabrata Das, Ratnabali Banerjee, Thin Solid Films 298 (1997) 200-210

[56] J. I. Pankove, R. O. Wance, J. E. Berkeyheiser, Appl. Phys. Lett. 45 (1984) 1100

REFERENCES BIBLIOGRAPHIQUES

[57] V. Morazzani, A. Grosman, C. Ortega, S. Rigo, J. Steika, Nucl. Instrum. B85 (1994) 287

[58] L. A. Balagurov et al., Materials Science and Engineering B69-70 (2000) 127-131

[59] S. C. Shen, Q. L. Jue, Physica 117B et 118B (1983) 868-870

[60] W. Richter, W. Weber and K. Ploog, J. of Less – Comm. Metals 47, 85 (1976)

[61] N. F. Mott, E. A. Davis, Electronic Processes in Non-Crystalline Solids, second ed., Clarendon, Oxford, 1979

[62] Y. Gekka et al., Applications of Surface Science 22/23 (1985) 899-907

[63] Y. Ohmura, M. Takahashi, M. Suzuki, N. Sakamoto, T. Meguro, Physica B 308-310 (2001) 257-260

[64] I. Wagner, H. Stasiewski, B. Abeles and W. A. Langford, Phys. Rev. B28, 7080 (1983)

[65] J. Ristein and G. Weiser, Solar En. Mat. 12, 221 (1985)

[66] F. G. Della Corte et al., Journal of Non-Crystalline Solids 352 (2006) 2647-2651

[67] C. R. Wronski, B. Abeles, T. Tiedje and G. D. Cody, Solid State Comm. 44, 1423 (1982)

[68] D. Redfield, Solid State Comm. 44, 1347 (1982)

[69] Z. S. Jan, R. Bube and J. C. Knights, J. Appl. Phys. 51, 3278 (1980)

[70] M. M. de Lima Jr., F. C. Marques, J. of Non-Cryst. Sol. 299-302 (2002) 605-609

[71] S. Kalbitzer, G. Muller, P.G. LeComber, W. E. Spear, Philos. Mag. B41 (4) (1980) 439

[72] M. Hanabusa, N. Namiki, K. Yoshihara, App. Phys. Lett. 35 (1979) 626

[73] G. J. Wilfried, H. M. Van Sark, Methodes of deposition of hydrogenated amorphous silicon for device applications ed. M. H. Francommbe, Academic Press, San Diego (2002)

[74] R. E. Vitturo, K. Weiser, J. of Non Cryst. Solids, 77 & 78 (1985) 753

[75] P. Roca i Cabarocas, Thèse de doctorat, Université de Paris VII (1988)

[76] N. Ababou, Thèse de doctorat 3ème cycle, Grenoble (1983)

[77] S. Bauer, P. O. Dusane, W. Herbst, F. Diehel, B. Schröder, H. Oechsner, Solar Energy Materials and Solar cells 43 (1996) 413-424

[78] N. Beldi, Thèse de magister, USTHB, Alger (1993)

[79] R. Cherfi, Thèse de magister, USTHB, Alger (2002)

[80] R. M. A. Dawson, S. S. Nag, C. R. Wronsky, N. Maley, The effect of p-layers deposited under varying conditions on hydrogenated amorphouse silicon p-i-n homojunction solar cell performance, IEEE (1993) 960-965

[81] M. Tanielian, ''Adsorbate Effects on the Electrical Conductance of a-Si :H'', Phil. Mag., B45, 1982, p. 435

[82] K. Mokeddem, Thèse de magister, USTHB, Alger (2004)

[83] G. Farhi, Thèse de doctorat, USTHB, Alger (1998)

[84] H. H. Willard, L. L. Merritt Jr., J. A. Dean et F. A. Settle Jr., dans ''Instrumental Methods of Analysis'', Wadworth Publishing Co., New York, 1981, pp, 198 et 200

[85] Y. Bouizem. Ph.D. theses, Université Pierre et Marie Curie, Paris VI, France (1992)

[86] A. Benninghoven, Surf. Sci, 28, 541, 1970

[87] P. Munster, Thèse de doctorat, Université de Rennes 1 (2001)

REFERENCES BIBLIOGRAPHIQUES

[88] S. Janz et al., Thin Solid Films 511-512 (2006) 271-274

[89] E. C. Freeman and W. Paul, Phys. Rev. B18, 4288 (1978)

[90] W. Bayer, N. H. Nickel (Ed.), Hydrogen in Semiconductor II, Acadimic Press, San Diego, 1999, Chapter 5

[91] R. Saleh, N. H. Nickel, Thin Solid Films 427 (2003) 266-269

[92] S. T. Kshiragar, R. O. Dusane, V. G. Bhide, Phys. Rev. Part B40 (1989) 8026

[93] R. Alben, D.Weaire, J. E. Smith Jr., M. H. Brodsky, Phys. Rev. Part B11 (1975) 2271

[94] N. H. Nickel, P. Lengsfeld, Mater. Res. Soc. Symp. Proc. 609 (2000) A20. 3. 1

[95] N. Beldi, A. Rahal, D. Hamoudi, T. Mohammed-Brahim, D. Mencaraglia, Z. Djebbour, O. Glodt, J. Sib, C. Longeaud, J. P. Kleider, L. Chahed and Y. Bouizem, 11th European Photovoltaic Conference, Montreux (Switzerland), October 1992

[96] H. Chen, M. H. Gullanar, W. Z. Shen, Journal of Crystal Growth 260 (2004) 91-101

[97] R. Platz, S. Wagner, C. Hof, A. Shah, S. Wieder, B. Rech, J. Appl. Phys. 84 (1998) 3949

[98] M. Yamaguchi, K. Morigaki, Philos. Mag. B 79 (1999) 387

[99] J. C. Knights, G. Lucovski and R. J. Nemanich, Phil. Mag. B. 37, (1978) 467

[100] Isomura, Tanaka and Tsuda, Appl. Phys. Lett., Vol. 69, No. 10, 2 September 1996

[101] P. A. Redders, D. A. Drabold, Journal of Non-Crystalline Solids 227-230 1998 376-379

[102] W. B. Jackson, Phys. Rev. B 41, 12323 (1990)

[103] D. Jousse, C. Chaussat, F. Vaillant, J. C. Bruyere and P. Lesimple, Journal of Non-Crystalline Solids 77 & 78 (1985) 627-630

[104] T. D. Moustakas, Proc. 5th EC Photovoltaic Conf. (Athens, Greece, Oct. 1983)

[105] G. H. Bauer and G. Bilger, Proc. of 4th EC Photovoltaic Solar Energy Conf., ed. by W. H. Bloss and G. Grassi (Reidel, Dordrecht) (1982) p. 773

[106] N. V. Dong and T. Q. Hai, Phys. Stat. Sol. (b) 88, 555 (1978)

yes
i want morebooks!

Oui, je veux morebooks!

Buy your books fast and straightforward online - at one of world's fastest growing online book stores! Environmentally sound due to Print-on-Demand technologies.

Buy your books online at
www.get-morebooks.com

Achetez vos livres en ligne, vite et bien, sur l'une des librairies en ligne les plus performantes au monde!
En protégeant nos ressources et notre environnement grâce à l'impression à la demande.

La librairie en ligne pour acheter plus vite
www.morebooks.fr

VDM Verlagsservicegesellschaft mbH
Heinrich-Böcking-Str. 6-8
D - 66121 Saarbrücken

Telefon: +49 681 3720 174
Telefax: +49 681 3720 1749

info@vdm-vsg.de
www.vdm-vsg.de

Printed by Books on Demand GmbH, Norderstedt / Germany

Oui, je veux morebooks!

i want morebooks!

Buy your books fast and straightforward online - at one of world's fastest growing online book stores! Environmentally sound due to Print-on-Demand technologies.

Buy your books online at
www.get-morebooks.com

Achetez vos livres en ligne, vite et bien, sur l'une des librairies en ligne les plus performantes au monde!
En protégeant nos ressources et notre environnement grâce à l'impression à la demande.

La librairie en ligne pour acheter plus vite
www.morebooks.fr

VDM Verlagsservicegesellschaft mbH
Heinrich-Böcking-Str. 6-8   Telefon: +49 681 3720 174   info@vdm-vsg.de
D - 66121 Saarbrücken   Telefax: +49 681 3720 1749   www.vdm-vsg.de

Printed by Books on Demand GmbH, Norderstedt / Germany